鞋的时尚史

60 款代表性鞋靴经典再现

鞋的时尚史

［英］卡罗琳·考克斯　著

陈　望　译

中国纺织出版社

内 容 提 要

　　本书带您进入鉴赏制鞋史上 60 例最具标志性鞋靴款式的迷人之旅，展现最受人尊崇的设计师们的宏才大略和他们最受欢迎的作品。从莫德·弗里宗（Maud Frizon）的艳粉色锥跟鞋和马诺洛·布拉赫尼克（Manolo Blahnik）的"堪培利斯（Camparis）"，到吉娜（Gina）饰以珠宝的便鞋和特里·德哈维兰（Terry de Havilland）的拼缀蟒皮高台底鞋，揭示每一款精选风格的起源、社会意义和突破性时刻，它们流行、失宠的原因，及其意义和后续复苏情况。深刻、启迪、智慧又生动有趣的文字，配以名人或时装模特的照片，每例鞋款都尽显卓越不凡。

　　本书既是时尚鞋靴发展史的指导书，也是前沿鞋靴设计的独特名录。鞋靴不仅是时尚的重要配饰品，本身也是一种艺术形式。翻开本书就进入鞋的天堂。

原文书名　A visuai celebration of sixty iconic styles
原作者名　Caroline Cox
©2012 Quintessence
All Rights Reserved No part of this publication may be reproduced or transmitted in any form or by any means,electronic or mechanical,including photocopy,recording or any other information storage and retrieval system,without prior permission in writing from the publisher. 本书中文简体版经 Quintessence 授权，由中国纺织出版社独家出版发行。本书内容未经出版者书面许可，不得以任何方式或任何手段复制、转载或刊登。

著作权合同登记号：图字：01-2013-2782

图书在版编目（CIP）数据

鞋的时尚史 /（英）考克斯著；陈望译. —北京：中国纺织出版社，2015.5
书名原文：A visuai celebration of sixty iconic styles
ISBN 978-7-5180-1387-6

Ⅰ．①鞋…　Ⅱ．①考…②陈…　Ⅲ．①鞋—历史—世界　Ⅳ．①TS943-091

中国版本图书馆CIP数据核字（2015）第029936号

策划编辑：魏　萌　责任校对：余静雯　责任设计：何　建　责任印制：储志伟

中国纺织出版社出版发行
地址：北京市朝阳区百子湾东里 A407 号楼　邮政编码：100124
销售电话：010—67004422　传真：010—87155801
http://www.c-textilep.com
E-mail：faxing@c-textilep.com
中国纺织出版社天猫旗舰店
官方微博 http://weibo.com/2119887771
北京利丰雅高长城印刷有限公司印刷　各地新华书店经销
2015 年 5 月第 1 版第 1 次印刷
开本：710×1000　1/16　印张：15.75
字数：194 千字　定价：128.00 元

目　录

引言

我们并非处在真正的变革时代，必须做到在芸芸众生中和而不同。把用新比例重组昔日的元素当作一种新途径。

——皮埃尔·哈迪（Pierre Hardy）

巴黎世家（Balenciaga）恶名昭彰的乐高鞋跟缔造者，特立独行的鞋履设计师皮埃尔·哈迪在上述陈述中表达得很清楚：与任何时尚形式一样，鞋必须在适应中求生存。采用加高鞋底的高台底鞋最初源于中世纪的软木高底鞋（chopine）或巴顿木屐（patten）。最初的形式，高台底是用皮条或布条固定于足部的抬高的楔形，它使穿着者的双脚免受城市街道污物的侵扰。由于它使穿着者行动不自由，人们或许认为高台底理应消逝在时光的暮霭中。然而并非如此，1930 年代，设计师安德烈·佩鲁贾（Andre Perugia）、罗杰·维维亚（Roger Vivier）、戴维·埃文斯（David Evins）和萨尔瓦托雷·菲拉格慕（Salvatore Ferragamo）为高跟船鞋附上了高台底，提升了它的性感，高台底获得了好莱坞式的全面改造。新高台底鞋是百分百的创新，它增加了高度却更易于穿着；菲拉格慕的高台底鞋采用富于生气的拱形和多层彩虹色鞋底，成为之后十年中最具魅力的鞋。时光穿越 20 世纪 70 年代的风采来到今天，出自克里斯蒂安·卢布坦（Christian Louboutin）的"动力平台（power platform）"，由鞋底红色漆的闪烁而得名，预示着这一历史久远的款式正经历着另一种复兴。

蓝色绒面小山羊皮软底鞋（brothel creeper）的绉胶底，罗杰·维维亚潮拖（mule）的淡粉色玻璃珠饰以及戈戈靴（go-go boot）上闪光发亮的塑料都体现了时尚感，当然也少不了 1920 年金色小山羊皮的探戈舞鞋（tango

右页图：
菲拉格慕的工作坊
1956 年，萨尔瓦托雷·菲拉格慕在佛罗伦萨他的工作坊中，与他一起的是为他的尊贵客户制鞋用的鞋楦。

shoe），它让人脑海中浮现出哈莱姆区（Harlem）舞厅中涂饰朱唇的摩登女郎形象；还有莫德·弗里宗（MAUD FRIZON）的天蓝色锥形跟鞋，在权力欲极盛的20世纪80年代，它在行政委员会会议室中是那样的惹人注目。类似上述这些有显著影响力的鞋销路都很好，无论用后现代派的眼光进行彻底的混搭处理还是单纯地复制，它们在创造性改款方面都很成熟。但也有不同的情况，出自彼得罗·扬托尼（Pietro Yanturni）的拖鞋，布满了500只日本蜂鸟的细小翎羽，或许因为曾供美好年代（BELLE EPOQUE）中娇宠的大小姐穿着，由于它价格高得离谱，与当今现代女性的生活方式不搭边，款式就再没出现过。留存下来的鞋都是可以再创新的。

让女孩穿对鞋，她能征服世界。

——贝特·迈德尔（Bette Midler）

　　像凉鞋（sandal）、木屐（clog）等有名气的款型都有悠久的历史，其他如1950年代的匕首跟鞋则诞生的更近一些。当然，鞋跟在1950年代之前就有了；最早的鞋跟是16世纪的发明，作为功能性的马镫固定器用于男式马靴，但正如人类学家玛格丽特·维塞（Margaret Visser）智慧地指出，"它们最初的目的是把穿着者抬高，让他们有个令人瞩目的姿势，并把腿部伸展开，让小腿肌肉明显地凸出。"到了18世纪，宫廷女性也开始穿着带鞋跟的鞋，真正地在凡夫俗子中提高了男女两性的身高，也提供了历史学家昆廷·贝尔（Quentin Bell）所谓"社会地位的最有效保障"。20世纪，标准惯例为只有女性穿着高跟鞋，它似乎已成功纳入女性文化中。然而，男款高跟鞋还是存在于表现男子气概的款式上，如中跟靴和牛仔靴。这种靴子的形成是为了满足放牧人的需要，他们是生活在马背上骑马作业的人，靴子底部低平切削的鞋跟便于蹬住马镫，加上钢制钩心形成的弧形便于搁置在马镫的镫柄上。厚实的皮革护住脚部免受响尾蛇、仙人掌的伤害以及马鞍的擦伤，高起的侧带保护裤子免受灌木荆棘的撕扯。牛仔靴的宽缘口和平滑的皮质鞋底，这两个最普遍的特征，最初都是为满足安全的要求形成的，因为一旦从马背上摔下来，牛仔们可以迅速把脚从靴子里或者把靴子从马镫上抽出来。如今，鞋跟衍生出了很多款式，包括古巴跟、路易斯跟（louis）、高台底、细中跟（kitten）和匕首跟（stiletto），都将在下文中做全面分析。

鞋的力量贯穿于流行文化，以各种方式呈现出来。查尔斯王子（Prince Charles）同戴安娜王妃（Lady Diana Spencer）拍订婚照时，尽管他们身高相近，也要比他的未婚妻站高一个台阶，以维护男性高大、深沉、英俊（且主导）的形象。离婚后，穿着周仰杰（Jimmy Choos）的匕首跟鞋的戴安娜叛逆而不再谦恭，形成引人注目又新潮的形象。鞋也体现了温柔、资本主义和消费性开支之间的关系，这在菲律宾第一夫人伊梅尔达·马科斯（Imelda Marcos）这名鞋控身上尤其如此。她不断扩大的鞋子收藏描绘了她从小资产阶级官僚上升到斐迪南·E.马科斯（Ferdinand E. Marcos）总统夫人的历史。伊梅尔达强有力的购买范围从菲拉格慕的罗马维亚康多提（Via Condotti）到纽约的布鲁明戴尔百货公司（Bloomingdales）。据说在她流亡途中，扔下3000双11尺码（8.5英码）鞋，均为定制品。美国国会议员斯蒂芬·索拉兹（Stephen Solarz）曾表述过，"与她相比，玛丽·安托瓦妮特（Marie Antoinette）只能算个拾荒女。"今日的歌手谢丽尔·科尔（Cheryl Cole）承认拥有2000双鞋，她说"我一直一直都酷爱鞋，但是近几年来，我不折不扣地进化为真正的恋物狂。我在屋子里的每个角落都放满了鞋，在厨房的碗柜里、浴室里……每间房间。打开冰箱，很可能发现底层有双鞋。"

我可没有 3000 双鞋，我有 1060 双。

——伊梅尔达·马科斯（Imelda Marcos）

为什么鞋会激发如此的投入呢？西格蒙德·弗洛伊德（Sigmund Freud）认为男性恋物可能缘于男孩意识到妈妈缺少男性生殖器，对类似的阉割可能性产生的恐惧，需要一种满足愉快舒适的替代物以缓解焦虑。以鞋靴为恋物对象的最早例子之一出现在作家雷蒂夫·德·拉·布勒托纳（Retif de la Bretonne，1734—1806）的作品中，他把恋人科莱特（Colette）的鞋当作她亲身真实的存在，"刚从狂躁不安中脱离出来，我完全深陷对科莱特的强烈爱恋中，以手爱抚她刚刚穿过的鞋，想象着亲见并触碰着她的肢体和心灵；以唇按压在一颗宝石上，一阵狂热发作起来，感觉那些宝石就是女人，奇异疯狂的快感好像……怎么说呢？就好像把我直接带到了科莱特她本人那儿。"

喜欢一双鞋，就行动吧。鞋不会爱上你，不过，换句话说，鞋也不会伤你太深。好看的鞋实在太多。

——阿兰·谢尔曼（Allan Sherman）

鞋子当初完全是由本地鞋匠手工制作，为了能穿一辈子，天生就不是便宜货。到 19 世纪中期，鞋才开始在裁缝店里出售，女士们都到那去学巴黎新的流行式样，购买主料和配饰，来制作最能符合社交礼仪规范的仿品。渐渐地，专门的鞋店开始出现：1842 年，伦敦的利利—斯金纳（Lilley & Skinner），1904 年芝加哥的富乐绅（Florsheim）。随着工业化的到来，迎来更加机械化的制鞋业——鞋子更便宜，也更容易买到；这又带来了变化，被淘汰的鞋是因为它们过时了而不再是因为穿着不合适。到 20 世纪，新的式样潮涌而现，对于穿着这些鞋的女性的社会地位也有了更多表达。奥黛丽·赫本（Audrey Hepburn）接受并穿着 1960 年代罗伯特·卡佩泽奥（Robert Capezio）设计的芭蕾平底鞋，这似乎预示着时尚的初潮，令玛丽莲·梦露（Marilyn Monroe）的鹳毛潮拖（marabou mules）和索菲娅·罗兰（Sophia Loren）的插口匕首跟鞋（spigot stiletto heels）显得粗俗老气。当碧姬·芭杜（Brigitte Bardot）穿着平底鞋出现时，似乎那才是 1960 年代应有的水准。

20 世纪末，角斗士鞋（gladiator）出现了。一款有两千年历史的凉鞋找到了从竞技场去往时装表演 T 台之路（名字颇有点讽刺，要知道大多数古罗马角斗士是赤脚站在角斗场沙地上的）。它最近的化身可以追溯到时尚品牌普拉达（Prada）在 2001 年时装展中展现窄褶角斗士裙，就在同一年，曾在 T 台秀中采用过包括"阿玛迪罗（Armadillo）"的风格强劲的鞋的设计师亚历山大·麦昆（Alexander McQueen），发布了一款亚马逊风格的丁字带凉鞋，它的鞋带直达膝盖处。2003 年，凯特·莫斯（Kate Moss）在纽约和格拉斯顿伯里（Glastonbury）穿过这款鞋之后，角斗士凉鞋（gladiator sandal），有时也叫角斗士平底鞋（gladiator flat），开始出现在世界各地的城市中，2008 ~ 2009 年达到流行的顶峰。

创造力通常包含颠覆现在。知道吗，仅仅是一个世纪略早之前才发明了左脚鞋和右脚鞋。

——伯尼斯·菲茨—吉本（Bernice Fitz-Gibbon）

在过去的二十年里，鞋靴设计师的名号已变得家喻户晓，借由类似萨拉·杰西卡·帕克（Sarah Jessica Parker）在《欲望都市》（*Sex and the City*）中的代言（剧中一段情节中她因丢失"Choo-choos"，也叫周仰杰的高跟鞋而难过），这些名字已成为日常用语。创始于 1950 年代的家族企业吉娜（Gina）让珠宝装饰的晚用凉鞋（evening sandals）大摇大摆地如期走上红地毯；1960 年代以来，摇滚乐鞋匠特里·德·哈维兰（Terry de Havilland）一直用拼贴的蟒蛇皮制作精制的高台底。国际鞋靴设计舞台上其他人物还有塞尔焦·罗西（Sergio Rossi）、切萨雷·帕乔蒂（Cesare Paciotti）、克里斯蒂安·卢布坦，以及尼古拉斯·柯克伍德（Nicholas Kirkwood）。后者在激光雕刻绒面革方面创新的结构性设计和本书着重描写的皮革展现出他对于今天很多标志性鞋型有怎样的创新作用。

一双新鞋可能不会抚慰破碎的心，安抚紧张的头痛，但可以减轻症状，驱散忧郁。

——时尚作家霍利·布吕巴赫（Holly Brubach）

本书是鞋靴设计的故事，是 60 款最具代表性鞋型的发展史，面世至今影响了诸多创新鞋型。它厘清了整个 20 世纪和 21 世纪鞋靴时尚的发展线索，通过突出诸如巴黎的罗杰·维维亚这样的重要设计师与维维恩·韦斯特伍德（Vivienne Westwood）和凯特·莫斯这样的明星组合，在他们的文化脉络中，确定了特色基准的鞋靴设计，在 2000 年代早期，很少见到他们不采用韦斯特伍德堆垛跟海盗靴，在 2010 年代，让威灵顿靴（Hunter Wellingtons）的热潮冷静下来。本书的文字和相配的插图将揭示曾经在时尚体系中只占二线地位的鞋靴，20 世纪早期以来，已跻身为衣柜的主角，成为时装店和现代品牌的重要盈利大户。很明显，我们对鞋子存在文化上的困惑：它反映人们的生活方式、志向，以及希望表达给别人的个人社会标志的功能；它扮演性诱惑的角色；为保护脚提供实际的需要；又相当简单，有时穿上鞋仅仅是为了让自己更舒服。正如卡丽·布拉德肖（Carrie Bradshaw）在《欲望都市》（充满名副其实的鞋色情描写的电视剧）中所说，"只穿一种鞋实在不好走路，所以有时你真的需要有专门的鞋，走起路来才有更多乐趣。"

左页图：

新式船鞋

1950 年代是战后的乐观时期，也是时尚创新的时代，完美地集中反映在这张曼哈顿屋顶取景的照片中。

16 世纪之前

很多现代鞋都能在这个时期找到原型，比如凉鞋，最早的鞋靴类型之一；尖头皮鞋，源自声名狼藉且饱受诟病的中世纪波兰那（poulaine，前翘鞋）尖形鞋头的鞋。像楔跟鞋（wedge）曾经只是实用型鞋，它把人脚从翻腾在城市街道的泥泞中抬高，通过设计演变，已经成为展示时尚资历和品牌的现代诱惑之物。

凉鞋（sandal）

天使对他说："束上带子，穿上鞋。"
他那样做了。

——钦定版圣经（King James Bible）

（剑桥大学版）章节 12：8

凉鞋是惠顾人脚的第一款鞋履形式，并由此演变出其他鞋款。"凉鞋"一词最初是用来描述完全成型的鞋底，再用简单的皮革、灯芯草杆或纸莎草编织带把脚固定其上；而到了 1930 年代，凉鞋是指有跟或平底，露出脚的上半部的任何款型。凉鞋可上溯至冰河时代（the Ice Age），很多文明拥有这种鞋的独特版本，比如日本的编织草履（zori），印度的帕杜卡（paduka）凉鞋，但该鞋型主要发源于炎热气候为基础的文明，比如古埃及和地中海地区。

在古埃及，穿着皮质、草编或棕榈凉鞋象征着人的社会地位，用以区分光脚的奴隶和重要仪式上穿凉鞋把别人踩在脚下的法老。在古希腊，男女都穿凉鞋，款式从厚重且实用到轻便且装饰精致雕刻图案以及镀金皮质束带。罗马人的凉鞋在男女款型的设计上几乎是一样的，软木鞋底、皮质束带或饰带。士兵穿战靴（caliga），一种皮质鞋底的凉鞋，鞋底钉有鞋钉。钉头的排列可以在地面上形成图案，用以辨别每个士兵所属的军团。同样的方式也为高级妓女采用，她们的鞋底在沙地留下"跟我来"的字样。这样，从有形之始，凉鞋便在功能与魅惑间求得平衡——为保护足部，它们是必需品；而裸足的展示带来情色的冲动。艺术史家昆廷·贝尔于 1947 年在其著作中对此作出了解释，"如果用类似包裹的东西包住物体，眼睛就要推测被包住的东西而不是看到，推测或想象的样子很可能比不包着的时候更完美得多。（服装）一定程度上靠暴露身体，但一定程度上也靠精明的判断而提高对性的想象。"同样的见解也适用于凉鞋，它通过影射脚的赤裸而非完全暴露使足部更加色情，也许这

上图：

约瑟芬·巴克（Josephine Baker）

这位美国舞台表演者以她敢于暴露的服装和镂空的凉鞋轰动了 1920 年代的巴黎。

左页图：

艾特罗（Etro）2011 年春夏季

壮实的高台底凉鞋用一组皮质和缀饰的束带拢住半赤足。

松糕凉鞋（1936 年）

萨尔瓦托雷·菲拉格慕为卡门·米兰达（Carmen Miranda）设计。鞋跟和高台底用镀金玻璃薄片覆盖。

可以解释在它几千年的演变过程中，一些文化对它的看法。《脚与鞋的性福生活》（*The Sex Life of the Foot and Shoe*，1977 年）作者威廉·A. 罗西（William A. Rossi）描述基督教时代圣哲罗姆（St. Jerome）"郑重地告诫妇女要穿能把脚全裹住的鞋，以抑制男人眼中暗伏着的对肉欲的偏好。"在公元 3 世纪，亚历山大的圣·克雷芒（St. Clement）禁止妇女当众裸露脚趾，谴责"凉鞋这种伤风败俗的东西唤起邪念。"

1920 年代之前，作为时尚而不是功能性的凉鞋消失了，它以海滩服饰的形式再次出现，恰逢法国蔚蓝海岸（French Riviera）开始成为流行的去处。到 1930 年代，设计师安德烈·佩鲁贾为晚礼服创作了一系列高跟凉鞋，由此将凉鞋从海滩带回舞池。他最著名的设计之一是 1928 年为著名舞蹈家约瑟芬·巴克（根据她标志性头巾）设计的一双灰色皮质路易斯跟鱼嘴凉鞋。

"凉鞋"一词业已习惯性地用来描述能看到脚部或部分脚部，襻带也很明显的鞋了。正是从这个时期，鞋子的性感特质在为明星设计靴鞋的设计师戴维·埃文斯手中变得显而易见。埃文斯最著名的设计作品是克洛代特·科尔贝（Claudette Colbert）在电影《埃及艳后》（*Cleopatra*，1934 年）中穿的圆管形、带襻带、多彩楔形通底凉鞋；别的主顾还有温莎公爵夫人（the Duchess of Windsor）、朱迪·加兰（Judy Garland）、伊丽莎白·泰勒（Elizabeth Taylor）和格雷丝·凯利（Grace Kelly）。

1930 ～ 1950 年代中期，意大利鞋匠师萨尔瓦托

雷·菲拉格慕主导了很多极度奢华的实验性凉鞋的创作。设计作品包括1951年的"基莫（Kimo）"，一款带有可替换金色、红色或黑色缎子短袜和赤金色软皮革制成的高帮交错襻带款凉鞋；还有1952～1954年的"威达利（Vitrea）"，一款带锥形木质高跟的金色软皮露跟凉鞋，装饰着珍珠、粉红玻璃和黄玉珠的乙烯基露趾襻带。他的凉鞋还可以是黄铜骨架匕首跟外形、细到极致的黑色皮质襻带，或者厚底、踝带式的新罗马款，覆盖着精致的镀金玻璃薄片。

整个1950年代，有襻带的凉鞋一直都很流行，丁字襻带和露跟让双足"坦诚"相见，这与受新风貌（the New Look）启发的晚礼服的温柔气质很相配。到1960年代末，作为与开始影响主流时尚的嬉皮士文化相回应，实用性凉鞋再次得到认同。经过新潮的1960年代时尚过度之后，欧美的年轻人开始提倡回归更"自然"的形象，平底的乡土凉鞋再次现身。1964年，勃肯（Birkenstock）凉鞋面世，多层软木和坚韧的线绳制成波形足床，完美地迎合这个新市场，尤其是它的可持续性鞋底，很快成为环保人士的标志。2000年代，谦卑的勃肯鞋经历了品牌重塑运动，一系列的限量版出现在格威妮丝·帕特洛（Gwyneth Paltrow）和珍妮弗·安妮丝顿（Jennifer Aniston）这样名人的足下。迪斯科劲舞兴奋的1970年代，经过安德烈亚·菲斯特（Andrea Pfister）和库尔特·盖格（Kurt Geiger）的复兴，从1990年代马诺洛·布拉赫尼克（Manolo Blahnik）的金色皮质"嘶嘶响的凉鞋（Sizzle Sandal）"，到2003年周仰杰的红色缎子丁字带凉鞋，高跟有襻带款的凉鞋依旧是广受欢迎的晚宴鞋和夏季鞋。

下图由左至右：

露跟凉鞋

纪梵希（Givenchy,2003年）作品，有皮革花饰的粉红色小山羊皮"阿曼达（Amanda）"凉鞋。

踝带凉鞋

安德烈亚·菲斯特（1990年）作品，使用有珠饰襻带的古铜色皮革制作。

华丽凉鞋

克里斯蒂安·拉克鲁瓦（Christian Lacroix, 2008年）作品，采用紫色绸缎和多彩小牛皮。

极简抽象派凉鞋

王薇薇（Vera Wang, 1997年）作品，镶嵌假钻饰链的黑色天鹅丝绒凉鞋。

高台底凉鞋

皮埃尔·哈迪（Pierre Hardy, 2010年）作品，典型的非常规构成主义设计，采用多彩小山羊皮。

蝴蝶凉鞋

伊夫·圣·洛朗（Yves Saint-Laurent）的专利（1983年），采用漆皮的凉鞋，使双脚象征性地飞行。

莫卡辛鞋（MOCCASIN）

> 没穿莫卡辛鞋走上两个月，就别对它做判断。
>
> ——美洲原住民传统谚语

莫卡辛鞋是一种由轻质鞣制鹿皮或其他柔软皮制成的鞋，鞋底和侧面为一整块皮，用筋腱在顶部缝合起来。这种鞋对脚来说实际是容易穿脱的"口袋"，它源自美洲原住民的传统鞋靴。最流行的版本带有U形前帮盖或"帮面拼块"，用高出脚面的缝线收拢在前帮（帮面的一部分）的上缘口，最初是为了防水浸。

为保护双脚，美洲原住民的莫卡辛鞋都设计得相当结实，同时又很柔软，穿着者通过鞋底能感觉到地面。这样一款简单的便鞋成了赤足的贴身之物，显示出美洲原住民同自然的尊重关系——其观念为默默地穿行于世，来去无踪。

莫卡辛鞋是具有浓厚个体化意味的鞋，因为天长日久之后皮革会按照穿着者脚的外形而塑形。日常的莫卡辛很朴素，用鞣制水牛皮、麋鹿皮、驼鹿皮和鹿皮制成；装饰性莫卡辛要在特殊场合才穿。按传统，莫卡辛鞋用染色的豪猪大翎羽组成图案；与欧洲商人建立往来之后，也用上珠饰，缝合成条状、斑纹状和回纹状的几何图案，这些图案具有个人的、精神的或仪式的含义。所有装饰都要面向鞋子的主人而不是观看者。装饰起着暗示个人在自然中的位置的作用，在仪式期间，部落最重要的成员穿上珠饰鞋底的莫卡辛鞋，坐在对面的人们才能欣赏得到。

遍及美洲原住民领地的莫卡辛鞋可能看起来差别甚微，而这是因为它的变化太隐奥了，只有行家才能分辨。据说，部落间以线缝、后跟修饰等细节微妙差别，如最模糊的鞋印也能够相互辨别。不过，有些特征还是很重要的。比如说，居住在多山地带的部落采用生牛皮加强鞋底的硬度，而处于更加寒冷气候条件的部落则添加了

上图：
美洲原住民的莫卡辛鞋

1897年在爱达荷州出现的原品鹿皮莫卡辛鞋，既是保护性的也是区别性的部落鞋。

左页图：
"马迪（Maddie）"莫卡辛鞋（2010年）

妮科尔·里奇（Nicole Richie）的哈洛时装屋（House of Harlow）1960年推出的珠饰小山羊皮高帮旅行款。

"拉克尔（Raquel）"莫卡辛鞋
（2012 年）

周仰杰作品。以 1966 年的
电影《公元前一百万年》（One
Million Years B. C.）里演员拉克
尔·韦尔奇（Raquel Welch）的
鞋为基础，这个带流苏的作品还
加上了匕首跟。

兔皮衬里，让鞋子更加暖和。裹踝设计为人们在粗糙地
面上行走提供稳定性，成为莫卡辛靴的前身。

1750 年代，一名法国士兵详细记述了莫卡辛鞋的制
作过程："脚上蒙上鹿皮做的遮盖物，刮、擦再烟熏它，
经过这个过程，遮盖物变得像鞣制羊皮一样柔软。女人
准备皮子，为男人和她们自己做鞋。这些鞋，或者叫'莫
卡辛鞋'，在趾端收拢，在两侧用加长的舌头在上部和
后部缝起来。舌头翻下来直到脚踝处系住鞋的绳子以下。"

商人和欧洲移民接受了莫卡辛鞋，妇女则将它作为
室内拖鞋或套鞋。到 20 世纪，莫卡辛鞋已成为流行的
纪念品，一家 1946 年成立于明尼苏达州的公司迷你唐卡
（Minnetonka）成为旅游市场最大的制造商。1960 年代晚
期，随着嬉皮士对这款鞋的接纳，它突入主流文化。他
们创造了一种由北美资本主义所大量毁灭的文化认同
激发的形象，在这群和平抗议者身上，美洲土著文化
成为重要的影响力。串珠饰和流苏元素开始进入时尚
界，歌唱家桑尼（Sonny）和谢尔（Cher）佩戴好莱坞裁
缝师努迪（Nudie）受美洲原住民启发而制作的服装，
莫卡辛鞋列入嬉皮士的选择范围。迷你唐卡的"雷鸟
（Thunderbird）"——一款采用兽皮或鹿皮、软底的手
工缝制莫卡辛鞋成为 1960 年代末的畅销货。

文化性联系的和平与爱的运动一直持续着；如今，
你可以购买迷你唐卡的"伍德斯托克（Woodstock）"
靴，还有最时髦的波西米亚风（boho-chic），这是英
国设计师马修·威廉森（Matthew Williamson）在 2000
年代早期率先推出的嬉皮奢华的新版本，有人曾见凯
特·莫斯穿一双为提高耐久性而采用绉胶底的"徒步
者（Tramper）"靴漫步在格拉斯顿伯里音乐节的会场。
波西米亚潮流的另一位倡导者妮科尔·里奇，在美国也
叫做"垃圾鸡尾酒（cocktail grunge）"，推出饰有金色
和珍珠色金属嵌钉的现代小山羊皮系带莫卡辛靴，还有
1960 年她品牌下的哈洛时装屋推出"马迪"串珠饰莫卡
辛鞋。

莫卡辛鞋的舒适性决定了它非正规鞋的外
形，就像拖鞋，还有在意大利设计师迭戈·德
拉瓦莱（Diego Della Valle）创建 JP 托
德斯（JP Tod's）公司之后，1979

顺时针方向自左上图：

迷你唐卡出品的"徒步者"靴

小山羊皮莫卡辛靴，圆形金属挂坠装饰的双层流苏点缀。

迷你唐卡出品的"雷鸟"鞋

采用实用缝合方式的防水帆船鞋底的珠串装饰莫卡辛鞋。

SK8-Hi Fringe Pack 莫 卡 辛 靴（2009 年）

万斯推出的运动莫卡辛鞋，有缝合的内包头和刺绣装饰。

懒汉鞋（loafer）

托德斯莫卡辛"豆豆鞋"在鞋底嵌入胶钉，驾车时可以更好地抓握踏板。

年推出的轻便驾车鞋（driving shoe）。1988 年，他推出了男女皆宜的莫卡辛"豆豆鞋（Gommini）"——此命名缘于鞋底和后跟嵌入了 133 颗橡胶嵌钉，或者叫"小卵石（pebbles）"，以增加抓地力——推出一百多种不同的颜色，成为全球大赢家，尤其是因为他聪明地设法把舒适的概念和意大利的奢华结合起来。

现在，创建于 1958 年的意大利公司阿蒂罗·朱斯蒂·莱翁布鲁尼（Attilo Giusti Leombruni）生产手工缝制皮质鞋底的软羔羊皮莫卡辛鞋，成立于 1955 年的美国品牌伊斯门（Eastman），因厚实的传统无扣带便鞋款型而出名。莫卡辛的款型还以纽巴伦（New Balance）"A20莫卡辛篮球"鞋的形式加入运动鞋，还有万斯（Vans）的"SK8-Hi Fringe Pack 莫卡辛运动靴"，懒散的嬉皮风和都市运动出人意料的结合。2012 年，周仰杰的"拉克尔"莫卡辛鞋让莫卡辛鞋脱离了对舒适性的保留，"拉克尔"的得名因为它是以 1966 年的电影《公元前一百万年》里演员拉克尔·韦尔奇穿着的史前鞋靴为基础，这款鞋只有流苏装饰被保留下来。

潮拖（MULE）

这不是鞋。是政治阴谋。

——帕特·莫里森（Patt Morrison）于 1992 年 2 月 21 日
《洛杉矶时报》

　　潮拖是一种后空式有跟鞋，堪称老式好莱坞性感特质的象征，比如 1930 年代好莱坞金发碧眼的性感女郎琼·哈洛（Jean Harlow）穿的秃鹳毛或叫鹳鸟羽毛潮拖。实际上，潮拖可以追溯到古罗马的"卡尔塞呃斯—米勒斯（calceus mulleus）"——红色羽毛制作，供贵族穿着的礼仪鞋。潮拖的后空表明鞋子主人过着悠闲的生活而不是身体的需要，因为这种鞋实用价值不大；它还暗示出穿着者在鞋子属于昂贵用品的时代，能买得起不止一双鞋。因而，潮拖成为特权鞋和欧洲宫廷的最爱，17 世纪，带有长形方正鞋包头的绣花丝绸或锦缎款潮拖当作室内鞋穿着的时候，它的人气才开始上升。

　　18 世纪，潮拖称作"pantable"，来自法语"pantoufle"一词，意思是"拖鞋"，男女都穿。随着优秀工匠为满足凡尔赛宫廷之需在巴黎定居，法国成为时尚中心。奢华的服饰是贵族们用盛装互相争斗的日常风尚。路易十五的情人蓬帕杜尔侯爵夫人（Madame de Pompadour）在皇宫里创建了奢华的闺房，她斜倚在闺房的躺椅上，静听国王踩踏楼梯的声音，那楼梯直接连接着国王卧室和她的密室。蓬帕杜尔夫人在这间私密的房间从宫廷正装换成便装（dishabille），也称为长睡袍（negligee），它源自 17 世纪肖像画中随意层叠的形象，由多层宽松、色彩优雅的织品构成，同时代作家霍勒斯·沃波尔（Horace Walpole）描述为"大头针系住的美妙睡袍"。在女式贴身内衣裤发明之前，这种"着装上的甜蜜混乱"是形成性张力和实施诱惑的关键；平纹布包裹着的大腿轮廓、低领服装的暗示，抑或挂在秀气的脚趾上摇晃着的天鹅绒潮拖都传递着

上图：
穿潮拖的玛丽莲·梦露
　　到 1950 年代，女士内衣搭配潮拖成为银幕内外的一致诱惑。

左页图：
碧姬·芭杜（1976 年）
　　芭杜穿着 1970 年代潮拖经典，高匕首跟、襻带，还有迪斯科亮银色皮革。

肉欲。

在弗拉戈纳尔（Fragonard）声名狼藉的绘画《秋千》（The Swing，1766年）中，娴熟于性的符号化运用，粉红色丝绸高跟潮拖在叙事中成为重要道具。该作品是受法兰西教堂（the Church in France）司库圣朱利安男爵（Baron Saint Julien）委托而作，表现的是一名妇女和她情郎的秘密幽会。当她丈夫正推着她荡秋千时，她窥视到她的情郎正藏在花园中，便卖弄风情地朝他踢掉自己的潮拖，给他机会一窥自己的裙底风光。潮拖已发展为性感女式鞋，并以那样的状态进入20世纪。

在爱德华时代（Edwardian era），潮拖搭配新式贴身女内衣的设计，当人们对性的看法开始没那么苛刻时（只要没有超出婚姻的圣洁），内衣也正成为女士时装。女式贴身内衣是一种对感官愉悦含蓄设计的服装形式，作家埃米尔·左拉（Emile Zola）观察到巴黎商店内展示的女式内衣"就像一群美丽俏佳人被一层层脱掉衣服，直至她们绸缎般的光滑裸体"。直到1902年，一名女性时装记者相当勇敢地表述，"可爱的女式贴身内衣不能仅归于禁地……优美的内衣未必就是邪恶的标志。让最善良的人们拥有漂亮的内衣，而不被看作可疑分子。"潮拖在这场唤起情欲的场景中出任了角色，鞋子让人想起18世纪芳兰竟体的洛可可闺房。爱德华时代的潮拖有纤薄的皮质鞋底、路易斯跟和珠饰前帮。

到1930年代，只要有琼·哈洛（Jean Harlow）出演的闺房场景，潮拖都是好莱坞的必备道具。随着她的

上图：

针状鞋跟（Needle heel）

约翰·加利亚诺（John Galliano）把鞋跟精炼到尖锐的点，并搭配受新艺术运动启发的帮面。

公众形象和宣传照片强化了她的性感，她已成为影星魅力的缩影。让哈洛穿着白色绸缎睡衣，莱茵石镶嵌的高跟潮拖使她的脚呈半裸状态，也像蓬帕杜尔夫人那样在脚上诱惑地摇晃着，这些巧妙地避开了海斯法典（Hays Code）所要求关于裸体的禁令。安德烈·佩鲁贾完美掌握了其中的玄妙，在同一个十年里为法国广告女郎米斯坦盖（Mistinguett）设计了一双潮拖。这双潮拖采用绿色小山羊皮鞋跟，金色斑点小山羊皮前帮仿蛇皮涂饰处理，以及豹猫皮包边，很适合"蛇蝎美人"。

1950年代，贝丝·莱文（Beth Levine）开发的"斯普林格雷特潮拖（Springolator Mule）"一统天下，特里·德哈维兰在1970年代又重新引入该款型。1992年，潮拖再度走红，最优美的设计出自马诺洛·布拉赫尼克，他相信今日的潮拖"跟蓬帕杜尔侯爵夫人从床上穿进去的那双一样好"。但并不是所有女性都醉心于这个过时的好莱坞款式。作家帕特·莫里森说，"这不是鞋。是政治阴谋。闺房以外的一切场合都不适合穿。怀疑潮拖就是西方版的缠足，对那些不想只是懒洋洋地裹着斜裁锦缎等着她的爱人回家的人来说就是没用的鞋袜。这样，你买了双带大莱茵石的潮拖，突然觉得驾车去工作，两脚踩踏板都有困难，抬脚上去往办公室的自动扶梯也很费事。所以你就开始待在家里。终止与外界接触，停止工作，结束成年人的生活。"

2012年，普拉达推出新款潮拖，"飞驰潮拖（Rocket Mule）"，似乎有人工火焰在后部助推。

角斗士鞋（GLADIATOR）

这不，我看到一个角斗士倒在我面前:
他以手撑地；
男子气概的面容
欣然赴死，却战胜了苦痛……

——拜伦勋爵（Lord Byron）诗《角斗士》

　　角斗士鞋是有两千年历史的凉鞋，从竞技场已然漫步到时装表演台，考虑到大多数古罗马角斗士站在竞技场沙地上应该是赤足搏斗的话，这个名字就会有点讽刺意味。角斗士是从奴隶、罪犯和战俘队伍中挑选出来的最强健的斗士，在被迫去罗马大露天圆形竞技场搏斗之前，要经历残酷的训练。尽管没几个人能活到享受经历皮肉之苦后的成果，也没有几个名字流传至今，在人与人的搏斗或与野兽的血腥恶斗中取得的丰功伟绩却能使角斗士跻身当时最著名的名流之列。在再次重现的战场上，角斗士扮演士兵时，他们实际上只是穿着一种嵌着平头钉的罗马皮质凉鞋。皮质采用牛皮或鹿皮，经过专业鞣制形成坚韧的皮质鞋底，并有束带可以系在脚上，如果需要，可以一直系到膝盖处。通常，穿这种凉鞋会配备保护小腿的金属护腿或护甲，高的也可以到大腿。

　　20 世纪和 21 世纪，无论何时有关圣经的"魔幻" ❶史诗电影流行起来，就会有一款角斗士凉鞋再次席卷时尚界。1950 年代晚期及 1960 年代早期，包括《圣袍》（*The Robe*，1953 年）、《宾虚》（*Ben Hur*，1959 年）和《斯巴达克斯》（*Spartacus*，1960 年）在内的一浪受《圣经》

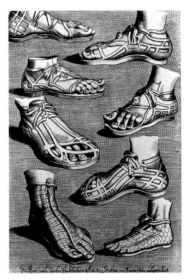

上图:

古罗马凉鞋

　　角斗士凉鞋以罗马帝国时期穿着的凉鞋作为设计原型。

左页图:

1970 年代的角斗士鞋

　　歌手卡尔利·西蒙（Carly Simon）穿着嬉皮士豪华装的宽松长袍和系带角斗士凉鞋。

---

❶ "sword and sandals" film，直译为《剑与凉鞋》，其含义是指绝大多数取材自古希腊罗马历史或神话或周边相同时期文化的电影。通常以松散的神话或历史内容为基础，加入精心设计的情节。20 世纪 50 年代早期和 60 年代晚期是这类电影多产期。——译者注

时装表演台上的角斗士鞋（2012 年）

在 2000 年代，对于像迈克尔·科尔斯（Michael Kors）等很多设计师，角斗士凉鞋都成为现代经典，创作着他们自己的版本。

下图：

戏剧化的角斗士鞋

鲁珀特·桑德森（Rupert Sanderson）受委托为 2011 年的歌剧《阿伊达》（Aida）设计了这款一次性戏剧鞋。

内容启发的电影过后，尼禄或恺撒发式进入男人的流行语汇，女人则穿起角斗士沙滩凉鞋，皮质束带系到腿上。

让角斗士凉鞋从众多夏季鞋款中脱颖而出的是沿脚面周匝的束带，还连接着两侧分叉的一组束带，在脚面形成织网。装饰品可以用另外的束带或饰带再附加上去，以一定的方式缠绕在脚踝或者到腿部。最具时尚公信力的平底角斗士凉鞋是由圣特罗佩（Saint-Tropez）的 K. 雅克（K. Jacques）制作的。这间由鞋匠雅克·凯克里凯恩（Jacques Keklikian）运营的小工场 1933 年开业，那时里维埃拉（Riviera）最独特的去处就是一座小渔村，要满足当地渔民的要求，他们希望凉鞋能经受住海滩的磨砺。当人们发现碧姬·芭杜穿了一双凯克里凯恩制作的手工缝制皮凉鞋时，感觉它增辉不少，这些鞋的名望在整个 1960 年代，就像她的第二故乡一样，一直在扩大。凯克里凯恩的儿子雅克去了罗马之后，他们注册商标的角斗士系带凉鞋开始面市，如果搭配白色 T 恤和卡普里式样（Capri-cut）的牛仔裤，简直就是里维埃拉时尚风格的代名词。K. 雅克半英寸高跟的"大流士（Darius）"金色皮质角斗士凉鞋至今仍是世界各地的畅销商品。

2000 年，颇具男子气概的演员罗素·克劳（Russell Crowe）领衔主演并取得巨大成功的电影《角斗士》首映，自 1960 年代缔造的第一个古代史诗，刺激了角斗士风格鞋靴的流行（尽管整部影片大多数时候男主角都穿着包覆脚趾的靴子）。2001 年，普拉达在时装表演台上展示了刀形窄褶角斗士裙，同年，亚历山大·麦昆推出一款面相勇猛、束带至膝处的丁字带凉鞋。2003 年，凯特·莫斯在纽约和格拉斯顿伯里穿过之后，角斗士凉鞋，有时也叫平底凉鞋，开始在全世界的时尚街坊中现身，2008 ~ 2009 年达到流行巅峰，在这一年里，仅在英国就卖出十万双。

关于这款鞋有个奇怪的分歧，它源自阳刚竞技场中最为凶残的一面，却为穿波西米亚式拖地长裙或紧身迷你装的女性所接受，并用添加的流苏和多彩珠饰改变得差不多像部落或美洲原住民的鞋款。2009 年，时装设计师萨凡纳·米勒（Savannah Miller）对凉鞋朴实好形象的流行做了思考："我想女士们感觉要变得强硬起来。这是继续生存的

问题。女性总需要丝绸和漂亮并性感，但此刻当然也需要服装的外壳或者一双杀手鞋的保护。"

巴黎世家于 2010 年及 2011 年分别推出奇异的及膝罩裙，而角斗士鞋可以有很多种款式，从纪梵希（Givenchy）精致优美的金属色到 2008 年电影《欲望都市》中萨拉·杰西卡·帕克搭配绿色舞会礼服穿的迪奥（Dior）"极致角斗士鞋"（Extreme Gladiator）。这些是角斗士鞋的新款——角斗士鞋跟，时装设计师辛西娅·罗利（Cynthia Rowley）首次推出无装饰的厚底角斗士鞋，装饰着假装甲，伸展过脚面直达踝部，把她的设计描述为"整形了的斯巴达式（Spartan）鞋"，解释说她的灵感来源于《300 勇士》（2006 年，一部关于公元前 480 年温泉关之战的电影）。斯图尔特·韦茨曼（Stuart Weitzman）、巴尔曼（Balmain）、阿瑟丁·阿莱亚（Azzedine Alaia）和马克·雅各布斯（Marc Jacobs）都销售既有鞋带扣又有鞋跟的角斗士凉鞋，很快就在类似永远 21（Forever 21）和高店（Top Shop）等大多数主街商店能找到更便宜的版本。

随着对饰钉、饰链和大量鞋带扣的强调，这款鞋成为服饰配饰品应更多地归功于朋克和恋物癖者，而不是罗马，最极端的角斗士鞋出自巴黎世家，采用复杂精细的皮质圆盘形配件和穗带的过膝角斗士靴，就像流行歌星蕾哈娜（Rihanna）穿的那种，有很多评论。不过，最奇特的是，2010 年路易·威登（Louis Vuitton）、德赖斯·范诺顿（Dries van Noten）、宝缇嘉（Bottega Veneta）和杜嘉班纳（Dolce & Gabbana）把目标瞄准男士，这款重量级男性荷尔蒙鞋却从未真正流行起来。时尚评论家劳伦斯·加伍德（Lawrence Garwood）说，"如果我生活在某个热的地方，我会考虑穿角斗士鞋，已经晒黑，周围的朋友不会笑话的。"问题出在比例上：如果穿在更多肌肉（和体毛）的男性腿上，形象就显得太过大块头。J. 阿托拉（J. Artola）的"领地角斗士凉鞋（Domain Gladiator Sandal）"试图打破这个模式，采用宽厚的皮革襻带和粗笨的缉口线，但仍显得有点"宾虚"。迪奥·桀骜（Dior Homme）的 2011 款运用更机智的方法，玩弄以着袜穿凉鞋这种不合仪的方式。这种黑色小牛皮角斗士鞋带有可分离的棉系带袜。

人字拖（FLIP-FLOP）

> 拥有豪宅的人穿人字拖，为他清洗泳池的人也穿人字拖。

——哈瓦那人字拖（Havaianas）前董事长费尔南多·蒂格（Fernando Tigre）

1960 年代，一种简单廉价带 Y 形趾夹的橡胶凉鞋，因为穿着时用脚趾夹住部分形似人字而被命名为人字拖（flip-flop）❶或夹趾拖。它曾持续发展为世界上最畅销的鞋。然而，它的款型已存在了六千多年，人字拖以不同的名字存在于很多文化中，并以不同的脚趾使脚固定在鞋上。举例来说，日本有草屐（zori），一种织物系带稻秸鞋底的凉鞋，可以上溯至日本平安时代（794～1185 年），是日本传统服饰的一部分；在古埃及，人字拖用纸莎草制成；在美国德克萨斯州，人字拖又叫"挖蛤人"（clam-digger）；澳大利亚人有"平底人字拖鞋"（thongs），而新西兰人穿"让达斯"（jandals）。古希腊人用大脚趾固定人字拖，罗马人用第二趾，美索不达米亚人用第三趾。

1930 年代，橡胶底人字拖第一次在日本神户生产，第二次世界大战之后，很多企业家凭借制鞋业帮助国家经济复苏。三菱是首批大规模人字拖出口商之一。另一款橡胶版是中国香港的约翰·考伊（John Cowie）生产的，莫里斯·约克（Morris Yock）以"让达斯"或日本凉鞋的名字进口到新西兰。生产成战后时期亮丽的口香糖色调之后，人字拖开始流行起来，因为它们完美地适应了加利福尼亚迅速增长的户外生活、烧烤的生活方式和海滩文化。每家海滨地区的商店都卖廉价的橡胶人字拖，有一款叫做"泡沫草鞋（foam zori）"的，更是瞄准了美国家庭主妇居家市场。到 1950 年代末，数以亿计的温带

上图：

肖恩·康纳里（Sean Connery）在威尼斯

到 1970 年代，橡胶人字拖已成为具有一定世界性时尚、男女皆宜的假日鞋。

左页图：

时尚前沿的人字拖

奢华时装品牌米索尼（Missoni）与哈瓦那人字拖合作，并把他们独特的之字形运用到人字拖。

---

❶ Flip-flop，意为"啪嗒啪嗒地响"，是穿着人字拖走路时所发声音的形象描述。——译者注

居民穿上人字拖而不再光脚，因为它实在是一款买得起的鞋。

　　直到 1970 年代，在西方文化中，人字拖都完全用于海滩，直到 1990 年代便装文化开始兴盛。不久，人字拖向城市进军，在办公室的自由着装日（dress-down Friday）代替了运动鞋。创建于 1962 年的巴西制造商哈瓦那人字拖有助于圣保罗（Sao Paulo）码头工人穿的简陋橡胶人字拖晋升为超级名模吉塞勒（Gisele）穿的新款时装配饰。他们的人字拖的设计灵感源自日本人的草鞋，以哈瓦那人字拖有肌理效果的稻米图案鞋床而获得认可。2004 年，公司与珠宝商 H. 斯特恩（H. Stern）合作，生产了一款镶钻并带有 18K 金表明涂饰的特别版人字拖。

　　彩虹（Rainbow）人字拖自 1974 年便已在加利福尼亚拉古纳海滩（Laguna Beach）投产，受到海滩迷和冲浪爱好者的热捧。该公司由杰伊·R. 朗利（Jay R. Longley）创建，用大麻纤维、皮革和橡胶生产男女皆宜的人字拖。他介绍说："这始于 35 年前，又是海滩上美好的一天……然后，我看见坏了的凉鞋胡乱丢在我正享受的那片海滩上。我在想为什么不做个更好的凉鞋，可以穿更长时间又更舒服呢？"公司从每天手工制作 15 双起步，已经把生产转移到中国一家有 3000 名工人的工厂。彩虹人字拖由多层粘合起来的海绵状橡胶制成，橡胶的"记忆"能力可以按穿着者的脚塑形。暗礁（Reef），另一个冲浪迷的品牌，由费尔南多和圣地亚哥·阿盖尔（Santiago Aguerre）创建于 1980 年代，来自阿根廷（Argentina）的两兄弟自 1970 年代就销售与冲浪运动有关的装备。迁址到加利福尼亚拉荷亚（La Jolla）后，他们开始生产无处不在的暗礁"范宁（Fanning）"——集成开瓶器的鞋，和防水的"顺畅（Smoothy）"人字拖。

　　与牛仔裤的象征性一样，无论高端的彩虹鞋还是廉价的韩国进口货，人字拖已经征服了世界。正如哈瓦那人字拖前董事长费尔南多·蒂格指出的，"拥有豪宅的人穿人字拖，为他清洗泳池的人也穿人字拖"。经过 4 年的研发，品牌西格森—莫里森（Sigerson Morrison）的设计二人组卡里·西格森（Kari Sigerson）和米兰达·莫里森（Miranda Morrison）2003 年推出人字拖的变奏曲，包括行动塑身鞋（FitFlop）的运动凉鞋，这款运动型人字拖结合了运动鞋的鞋底和人字拖的襻带，还有最终否

拍摄现场的碧姬·芭杜

　　芭杜是 1960 年代普及人字拖的影星，人们发现她在圣特罗佩穿着人字拖。

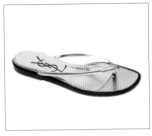

顺时针自左上图:

低调奢华

伊夫·圣·洛朗出品,亮黑色皮质"克林特(Clint)"人字拖。

海滩时尚

代表性巴西哈瓦那人字拖,有独特的橡胶底和趾夹系带。

设计师品牌

托里·伯奇(Tory Burch)添加了低矮的堆垛跟和装饰华美的金色奖牌式饰品。

时尚休闲

伊夫·圣·洛朗出品的"卡普里"(Capri)人字拖,采用金色的金银丝织物蛇皮纹 karung、金属色和水晶饰品。

定了自身功能的细中跟人字拖。这是第一款在橡胶人字拖上加鞋跟的尝试,牢固性是个设计难题。定稿人字拖采用双注热塑性聚氨酯(TPU)制作鞋底,单模注聚氯乙烯(PVC)扣带。经过推广及伴随的宣传,需求量巨大,莫里森形容说,"送三百双的货给我们在纽约的商店,两个半小时便销售一空。商店里人潮涌动,女士们得知商品售罄泪流满面。"设计师林赛·菲利普斯(Lindsay Philips)推出的"可变人字拖"(Switch Flop),以"改变的是形象,而不是鞋底"的口号上市销售,并配有一系列可调换趾夹系带,以搭配包括皮革和贝壳花、珠饰纽扣及动物印花图案等各种服饰。

不过,人字拖最近遭到强烈抵制,记者奥利弗·普里切特(Oliver Pritchett)在 2011 年辩论支持人字拖穿着限定日期,否则,会构成社会性的失态;丽贝卡·阿姆斯特朗(Rebecca Armstrong)记述了夏季一般穿人字拖的人"脚踝以下的各种惨状会让最胆大的足科医生望而却步";而最让人担忧的是 2009 年环境组织"生态废品联盟"(Eco-Waste Coalition)发出警告说一些人字拖含有有毒化学物质,对健康和环境都不利。引起麻烦的东西是邻苯二甲酸酯,在聚氯乙烯(PVC)塑料中用作软化剂,一种人体内分泌干扰物并伴随发育和生殖障碍。

分趾鞋（TABI）

上图：
传统分趾短袜
一名实习艺伎，也叫舞者，所穿着的分趾鞋袜或叫分趾短袜，就是为容纳凉鞋的趾夹柱而出现的。

近代日本统治阶层的分趾鞋，严格操控着社会等级，武士位于最顶层，包括鞋匠商人则远远地跟在后面。通过服装得以强制施行的身份地位，与欧洲执行的禁奢法令非常相似。在日本文化中，鞋履被认为是不洁的，它容纳了脚并与地面的污秽接触，因而鞋匠也被视为最低阶层。佛教教义也在很大程度上导致对这个职业的歧视，因为它涉及使用皮革令有生命动物的死亡。

分趾鞋是一种可以上溯至这一时期的分开脚趾的鞋袜，用鞣质皮革制成，由武士阶层同草履一起穿着。大脚趾和其他脚趾的分离可以容纳凉鞋鞋筒，分趾鞋是套穿，在后面系紧，鞋内没有接缝妨碍平底的舒适性。随着日本家庭用榻榻米地板的普及，棉质分趾鞋袜受到欢迎，人们认为这比原来的皮质鞋更卫生，能保持席子清洁。

1906年，石桥正二郎（Shojiro Ishibashi）接管了福冈县久留米市（Kurume）的家庭服装业务，开始生产分趾鞋。他觉察到市场的缺口，1923年，设计了"忍者靴"（Jika-Tabi），一种包含了分趾的、有橡胶底的工作鞋，在今天日本的建筑工地仍能见到。这种鞋销路非常好，使得石桥获得了资金开始新业务——普利司通（Bridgestone），现在是一家全球轮胎制造商。

分趾鞋偶尔进入时装业。1951年，萨尔瓦托雷·菲拉格慕受分趾鞋启发，创作了金色皮质、内置缎子内底垫的"基莫"（Kimo）鞋，那是他的首次设计展示；1989年，比利时解构主义设计师马丁·马吉拉（Martin Margiela）将分趾结合到鞋和靴的设计中。模特在奔赴T台之前将足底涂以朱漆，在白色棉质地板上留下独特的红色靴印。如今，分趾靴已成为马吉拉最具标志性的设计，在过去的二十年里，用各种不同的材料制作，包括用他的标志性白漆涂饰的皮革。设计的意向是创作一块白板，一个能显示时光流逝的设计，因为随着油漆慢慢的剥落，突显了岁月的历程。每个人穿靴子的情况不同，每一双分趾靴都显露出它独特的个性光泽。

分趾鞋也见于运动鞋的设计。在 1980 年代，它出现在技击术热潮的巅峰时期，武馆（Bujinkan）的武师将它作为忍者鞋穿；1995 年，受东非大裂谷（the Rift Valley）的肯尼亚赤脚奔跑者启发，像分趾鞋一样分开脚趾的耐克（Nike）"忍者鞋（Air Rift）"面市了。记者凯特·威廉斯（Cayte Williams）将它描述为"有着凉鞋前脸的类偶蹄运动鞋……黑—绿及紫—黄的色彩搭配，保证让你像个 1978 年前后的儿童电视节目主持人。用帆布制成，价值 150 英镑，马路上孩子们都会指着它笑。"

顺时针自左上图：

马丁·马吉拉

能应对分趾鞋的为数不多的设计师之一。这个带有机玻璃鞋跟的皮质设计作品来自 2012 春夏季作品集。

格斗分趾鞋

日本技击术武馆武师穿的靴子。

分趾训练鞋

1995 年耐克推出的"忍者鞋"，有独特分趾设计。

街头分趾鞋

源自日本鞋靴古老形式的休闲分趾鞋，有橡胶底和缎质系带。

鞋扣（BUCKLE）

鞋扣既是装饰性的又有实用功能，无论是赛璐珞塑形还是金色黄铜、银、金，都有两部分：卡钉和扣环。卡钉和扣针指向鞋的方向时，系紧襻带；扣环系附于卡钉顶部，可以是装饰性的。功能性鞋扣从中世纪时期就开始采用，但是到17世纪中叶，随着男士露出的小腿和脚踝成为时尚焦点，鞋扣也成为装饰。

路易十五统治时期，鞋扣炫耀张扬，遮盖在鞋子前端。鞋扣是地位的象征，它是可以拆卸的精美物件，这和现代鞋扣不一样，在鞋的款型少有变化的时候，它在美化鞋子上起到重要作用。它们可以装扮破旧的鞋，就像小说《帕米拉》（Pamela，1741年）中描写的那样，新娘父亲的鞋不符合婚礼庆典要求时，新郎"欣然把自己鞋上的银鞋扣取下来给他"。

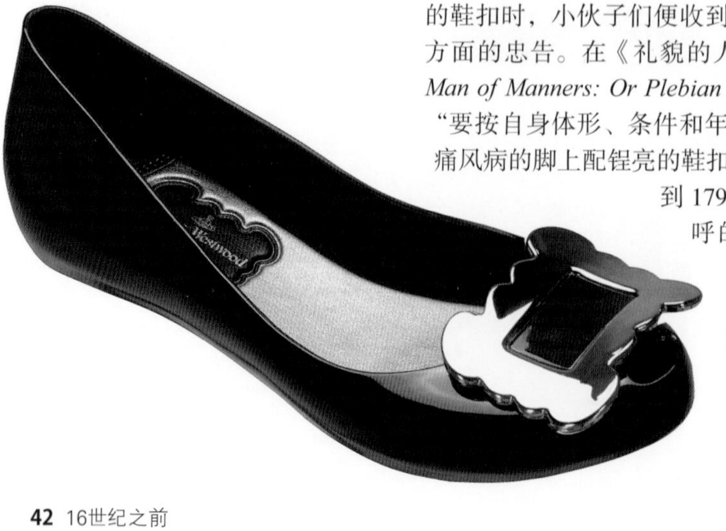

今天我开始给鞋配上鞋扣。
——赛缪尔·佩皮斯（Samuel Pepys），1660年

当爱赶时髦的青年男子为表现审美能力而炫耀低俗的鞋扣时，小伙子们便收到有关这件鞋配饰品礼仪规范方面的忠告。在《礼貌的人：或是优雅的平民》（The Man of Manners: Or Plebian Polish'd）一书的作者写到，"要按自身体形、条件和年龄做调整，一定要避免给患痛风病的脚上配锃亮的鞋扣。"

到1790年代，鞋扣被有着轻蔑称呼的"柔弱的鞋带"取代了，大约到1900年代才再次出现。浪漫化的18世纪引进时装，比如路易斯鞋跟和大号克伦威尔式（Cromwellian）或受清教徒启发的鞋扣，并

下图：

英国迷（Anglomania）

维维恩·韦斯特伍德带鞋扣的"超级女孩平底鞋（Ultragirl Flat）"是对1960年代罗杰·维维亚杰作"香客船鞋（Pilgrim Pump）"的升级。

一直延续到 1920 年代，很多用蚀刻钢材制成。

鞋扣也有功能性要求，作为玛丽珍鞋（Mary Janes）（参见第 132 页）、探戈舞鞋（tango shoes）和带襻凉鞋中的条带扣紧装置，逐渐取代纽扣。他们的设计以装饰艺术运动的几何化简朴美学为特征，巴黎装饰艺术展之后，立体主义的时尚表达成为大众流行的主流，直到 1924 年广受赞誉。这项展览展示了法兰西很多首席奢侈品设计师的作品，当缩微的立体派梦想在马克赛石、莱茵石和亮彩珐琅中呈现出来，他们的奢华现代主义也用在了鞋扣设计上。

1930 年代，女士的常礼服凉鞋越来越多地露出脚部，襻带上缝制的小巧鞋扣不至于降低了裸露的效果。直到 1960 年代，随着罗杰·维维亚"香客船鞋"的成功和玛丽珍鞋的复兴，还有鞋子采用诸如 1970 年代的高台底（参见第 62 页）等夸大形体的情况一再出现，鞋扣才变得超大。

引用了 18 世纪的材料做参考的大鞋扣也在设计中脱颖而出，例如复兴路易斯鞋跟的前卫鞋靴设计师约翰·弗沃科（John Fluevog）的作品中，还有配合维维恩·韦斯特伍德 18 世纪风格 T 台作品集锦的那些设计，例如 1989 年秋冬季《塞瑟岛之旅》（Voyage To Cythera）系列作品中超大的镜面有机玻璃鞋扣。韦斯特伍德的多鞋扣海盗靴至今仍在生产。由于运动鞋一直占优势，鞋扣失宠，很少看到有合于时尚的，但是在勃肯鞋（Birkenstocks）、Dr.Scholl's 等功能性鞋和木屐上则不同，或者如 1930 年代一些晚用鞋的暗式扣件。装饰性的、象征地位的鞋扣有待于卷土重来。

上图：

罗杰·维维亚

一位整个职业生涯中都始终如一地运用鞋扣的设计师。如今，这个品牌还继续着这样的设计特点。

尖头鞋（WINKLEPICKER）

尖头鞋拉长的鞋包头让人想起尖头波兰那鞋（poulaine），这个在鞋的款型上非同寻常的错误，在12～16世纪的欧洲经历了人气的起伏。波兰那鞋得名于"波莱纳（polena）"，也叫船首，一般认为是受中东鞋靴的启发而带至欧洲，它的鞋头可以长至三倍脚长，这样的长度带来很多不便，以至于不得不用绳子系在腿上以帮助挪动脚步。14世纪，贵族希望保持他们在领导潮流方面不可动摇的地位，而富有商人的崛起则刺激了时装的改变，尖头皮鞋达到了它的极限长度。

服饰显示了财富和悠闲，在当时的法国和勃艮第宫廷，服饰达到奢华的顶峰。妇女们穿长袖遮臂的曳地长裙，角状似尖塔的帽子；男士们穿极度奢侈的波兰那鞋，为保持鞋型，趾端塞满马毛。也许波兰那鞋是鞋靴代表社会地位最显而易见的例子，因为穿上它不可能做任何体力活，更不要说走很远的路。这种有明显性别象征的鞋遭到神职人员的谴责，甚至在1468年教皇竟宣称它们为"淫荡"。

右页图：
复古灵感

老古玩店（The Old Curiosity Shop）推出的现代尖头鞋，采用有雕花细节的黑色马驹皮。

下图：
萨尔瓦托雷·菲拉格慕的电影设计

尖头鞋被认为是受中东鞋靴鞋头上卷的启发。

1950 年代，尖形鞋头的鞋再次兴起，先是作为亚文化在哈莱姆区和纽约街头抗议的象征，接着变成主流青少年的时尚，尖头鞋遭遇了相似的谴责。1950 年代款的波兰那鞋被称为"食用螺挖食器（winklepicker）"，缘于度假者在海滨一日游的过程中从食用螺的壳中挖食螺肉所用的锐利大头针。1970 年代，它采用堆垛鞋跟，作为一款优雅的鞋或靴加入男人的时装，与那个时代的锥形裤相配，由太保（Teddy Boys）穿着，然后是摩登族（mods），最后是朋克（punk），斯坦巴特西（Stan's of Battersea）的产品体现出的最明显程式化；1960 年，帕泰兄弟公司（Pathe）的新闻描述一家鞋店为"垮掉一代的今日麦加"。

我实在是讨厌极端过长的鞋，鞋楦也非常尖，几如阿拉丁（Aladdin）。

——克里斯蒂安·卢布坦

1950 年代末期直到 1963 年，尖头皮鞋搭配极限高度的匕首跟，在女鞋上达到了它的制作高点。随着鞋跟的增高，鞋包头变得更加夸张的尖锐，鞋无法立足的形状形成人体工效学方面双脚完全不能平衡。体重的所有压力都导向塞进锥形鞋头的脚趾，如果一直穿着尖头鞋，穿着者要饱尝剧烈的疼痛，并可能罹患锤状趾和拇囊炎。随着青年女性对这款极端鞋的珍爱并夜以继日地鞋不离脚，这种情况越来越普遍。到 1963 年，扁錾鞋头（chisel toe）取代了尖头鞋，直到 1990 年代，随着匕首跟的复兴，才又在主流时尚中重新浮出水面。它江山依旧，始终是一款迷人的鞋型。

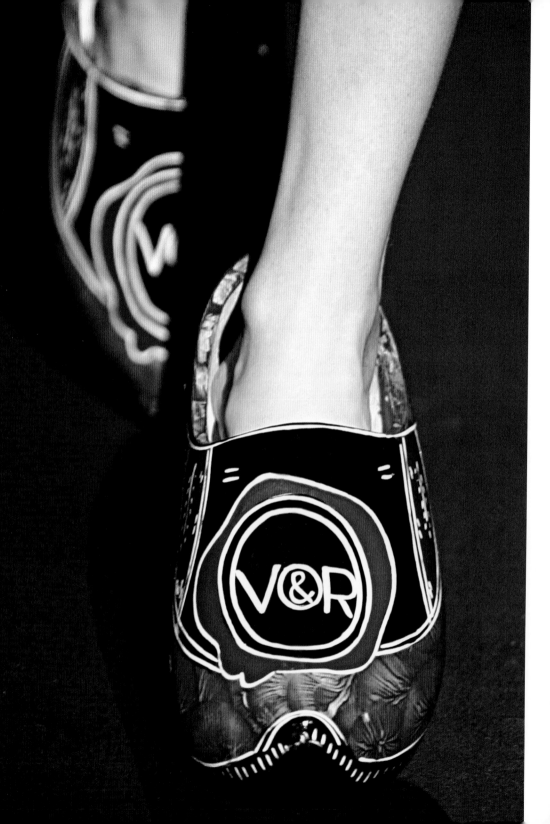

木屐（CLOG）

我讨厌物的概念！这是假的，可怕的，甚至不舒服！

——克里斯蒂安·卢布坦

这款男女皆宜、经久耐用的工作鞋源自中世纪荷兰的"克龙攀木屐（klompen）"和法国"木底皮鞋（sabot）"，两者都是满帮木鞋，能使脚免于农具和鱼钩的影响而保持干燥安全。现存最古老的木屐发现于阿姆斯特丹，起源于 1230 年左右，传统意义上说，完美的木屐同风车和红波奶酪（Edam cheese）一道，已成为荷兰的国家符号。木屐最初是手工制作，为防止不均匀干缩，每双必须从同一棵树在同一时间切割并加工处理。先用锯子粗略定型，再用凿子掏空形成鞋内空间。现在，机械已加入进来，多数木屐的鞋底都是工业化生产的。

在北欧各地木屐普遍受欢迎。当没有几个人用得起能包住全脚那么大皮时，木屐是个便宜的选择，比光脚好得多，它还能防水，能用一辈子。无论是山毛榉、桦木、大枫树，还是赤杨木的木材都行，木屐唯一不足的就是僵硬，长时间走路会不舒服，所以这种鞋都要跟厚袜子一起穿，每边还要塞上一把稻草。

到了 19 世纪，英国的工业化把木屐从乡村带进城市，在英格兰北部，它出现在工厂工人的脚上。兰开夏郡（Lancashire）这样的制造业中心以棉纺厂和煤矿闻名，也孕育了工人阶级的新娱乐形式——独步木屐舞（solo-step clog dancing）。受工厂里的咔嚓声和机器运转的启发，跳舞者在鹅卵石铺就的街道上踏出节拍，表演一系列复杂的叩击舞步。这种都市娱乐项目由丹·利昂（Dan Leno）等表演者带到音乐厅，1883 年，受到加冕成为世界木屐舞冠军之后，吸引了慕名而来的人群。

1920 年代，一种更成熟的木屐舞版本占了上风——踢踏舞，这是一种更适合爵士乐的切分音的舞蹈形式，

上图：
克拉拉·鲍（Clara Bow）
　木屐已成为荷兰女孩风格的模式化特征。

左页图：
新形象（2007 年秋冬季）
　像维克托—罗尔夫（Viktor & Rolf）这样的设计师想玩点魅力概念时，功能性鞋靴便登上了 T 台。

和贫穷不沾边。1940 年代以前，木屐的穿着在减少，而皮革短缺意味着这个实用的鞋靴款型又重新出现了。包括《时尚》（Vogue）在内的时尚杂志都力图把木屐不仅当作最爱国的鞋款，还是最新时尚表达来推广，然而，大多数女性对实利性鞋都不会留下什么印象，坚持选择稍微更富有魅力的楔跟鞋（参见第 70 页）。

从此以后，木屐开始了一连串的复兴，在财政紧缩经济衰退时期作为严肃性的象征神奇地出现，日子好过了，它又消失。1970 年代，木屐作为主角出现，同时，1960 年代的乐观主义便消失，泯灭在自我毁灭的毒品泛滥阴霾中。经济低迷隐约可见，1971 年，在作家杰曼·格里尔（Germaine Greer）惊世的女权主义小册子《女宦官》（The Female Eunuch）出版之后，她领导了果决的抗议，一场反对父权制以及它与资本主义相关联的尖锐辩论。格里尔把时尚系统看作众多文化体系之一，它通过推广不可能达到的漂亮的观念来抑制女性，特别谴责不切实际的鞋靴"改变了大腿肌肉和骨盆的扭力，使脊柱弯曲成在某些社交圈子里仍然认为是构成诱惑所必不可少的角度。"激进的男女平等主义者穿什么，才不会成为时尚牺牲品或性玩物，还要颇为有型呢？步履艰难地走向木屐，这个最终成为时尚主张的鞋，饶有讽刺意味的是出于反时尚运动的着装要求。

传统的瑞典品牌出乎意料地流行起来，包括桑德格伦斯（Sandgrens）和特伦拓尔普（Troentorp），都是从 20 世纪早期就已生产高品质木屐的公司，还有创建于 1965 年的乌格莱博（Ugglebo），乌格莱博董事长戴夫·吉斯（Dave Giese）称 1970 年代为"木屐狂热时代。绝对没有谁能生产足够多的木屐，满足那些受最新的木屐式样和颜色感染的人。为满足大众永无止境的需求，商家只能拥有所能得到的每一双木屐。很多女士的衣柜里放着 10～12 双不同的木屐。"在荷兰，扬·扬森（Jan Jansen）重新构建了传统荷兰木屐的概念，创作出"木质（Woody）"，一款有亮彩色皮质鞋面的木屐，扇形包边，每侧边挖出空洞。这是个全球性的成功故事，销售 10 万双，其他鞋靴设计师如布鲁诺·马利（Bruno Magli）开始用传统木屐形式进行尝试。之后不久，不再考虑功能，为时尚而不是女权主义市场增强了木屐的性感。鞋跟变得更厚实，高台底更高耸，直到 1978 年奥利维娅·牛顿·约

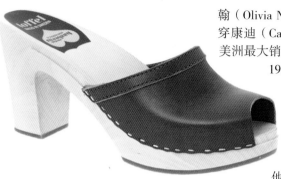

翰（Olivia Newton John）在电影《油脂》（Grease）中所穿康迪（Candie）的"滑动木屐（Slide Clogs）"打开了美洲最大销路。

1980 年代早期，对木屐的需求不复存在，但最近，随着经济情况变坏，木屐正在回潮。2010 年，皮埃尔·哈迪的木质厚底木屐在盖普（Gap）开始销售便立即售罄，夏奈尔、缪缪（Miu Miu）、玛尼（Marni）、周仰杰以及拉尔夫·劳伦（Ralph Lauren）等品牌都在试水木屐设计。

他们已实现了来自洛杉矶的设计师卡利恩·科德罗（Calleen Cordero）所掌握的环保时尚，她自 1999 年便发起向美国再次引入手工鞋靴的目标。她的木质鞋靴采用具有可持续性的赤杨木和植鞣皮定制黄铜和镍饰钉，手工制作，从木屐的角度讲，完全是卡洛驰公司（Croc）的对照。这种创新木屐，是名副其实的鞋奇迹，很多人对它的爱与恨都赋予了同样的热情。

位于科罗拉多的卡洛驰公司由三人成立于 2002 年，他们是小乔治·伯戴克（George Boedecker Jr）、林登·V. 汉森（Lyndon V. Hanson）和斯科特·西曼斯（Scott Seamans），就是为了销售、制作及配售一款轻量有襻带的木屐—凉鞋的"混血"品种，这种一系列亮丽纯色的鞋采用加拿大公司"泡沫制造（Foam Creations）"开发的模制塑料树脂——泡沫树脂（Croslite）。卡洛驰公司将天真烂漫的搞怪融入极具吸引力的功能性鞋靴，而鞋子舒适、透气，可以促进足部血液循环。三人组很快意识到即将出现的轰动，所以在 2004 年全盘收购了"泡沫制造"，掌控了泡沫树脂的专有权。

卡洛驰取得全球性巨大成功，它带有排水孔的厚实

"海滩"范儿拥有二十多种不同的颜色，包括阿尔·帕西诺（Al Pacino）、杰克·尼科尔森（Jack Nicholson）、贾里德·莱托（Jared Leto）、凯特·米德尔顿（Kate Middleton）等名人都穿它，甚至有人看见乔治·布什（George W. Bush）总统也穿过一双灰色的。这款鞋在商店竖直的货架上陈列出来，它鲜亮的色彩很吸引人的注意力，天真烂漫的形象在笑脸的鳄鱼图标上得以延续。2005年，产量从起始状态超过每月百万双，到2007年，年收入已达8.47亿美元。而在同一年，基普林格（Kiplinger）《个人理财》（*Personal Finance*）杂志的罗伯特·弗里克（Robert Frick）发出警告之词："如果有什么东西看起来像行走的呼吸的时尚，那就是卡洛驰鞋。"他接着说，"销售增长不需要降低太多就会导致投资方的撤离。如果卡洛驰的经典鞋款突然走其他鞋靴时尚的路［想想暴走鞋（Heelys）或地球鞋（Earth Shoes）］，股价就会暴跌。遇到不好的迹象需要清仓哪只股票，那就是像卡洛驰这样的流行产物。"

弗里克的话是有预见性的，因为2009年销售似乎出现停滞，公司削减了两千个职位。2010年5月，《时代》（*Time*）杂志把卡洛驰列入"50个最差发明"，表示"不管它有多流行，也是相当丑的。"不过，到2011年，卡洛驰开始东山再起，用Croslite的商标出品"卡骆卡森（Crocassins）"鞋或莫卡辛鞋，人字拖、靴子和运动鞋也面市了。值得关注的是，在很多发展中国家，廉价的卡洛驰已经取代了没什么防护性的人字拖。

下图从左至右：

楔跟木屐

卡利恩·科德罗给她的上蜡皮革"加乌乔（Gaucho）"鞋加上高楔跟。

高台底木屐

库尔特·盖格采用带饰钉的黑色皮革，让木屐增添了恋物之感。

束带木屐

克洛艾（Chloe）用高楔跟和束带注入现代魅力。

木屐靴

"旧样"在木质木屐鞋底上固定黑色皮质踝靴帮面。

潮拖式木屐

克洛艾·塞维内（Chloe Sevigny）为开幕式（2010年）设计了这款比天高黑色皮质木屐潮拖。

翻口木屐

卡韦拉（Carvela）为冬季的保暖用人造皮毛为"高山（Alpine）"木屐踝靴镶个边。

麻底帆布便鞋
（ESPADRILLE）

啊，麻底帆布楔跟鞋：从不过时的凉鞋。

——汉娜·罗克韦尔（Hannah Rockwell）于
2010 年 6 月 9 日《泰晤士报》（*The Times*）

　　源自西班牙加泰罗尼亚（Catalonia）的传统男女两用"农夫（paysan）"鞋，其形式为黄麻绳底凉鞋，鞋底裹着防护作用的沥青，帆布鞋帮面在边缘缝合到鞋底上；有的款型在粗糙地面行走时要用金属丝把鞋更牢固地绑缚在脚上。麻底帆布便鞋的名称来自于西班牙草（esparto），一种用于制绳索的坚韧的地中海草。尽管最近孟加拉已成为大规模生产麻绳编底的中心，然后进口到欧洲加上帆布帮面，这款不爱出风头的鞋却是从 14 世纪便已在地中海的小规模家庭手工业中生产了。黄麻细绳由机器编结，然后手工制成鞋底形状。鞋底经热压并垂直缝合到位，底部硫化处理以形成防水层。

　　不过，西班牙仍有专业的麻底帆布便鞋制作者，比如 1863 年成立于马德里的安提瓜·卡萨·克雷斯波（Antigua Casa Crespo），还有自 1886 年运营于巴兰斯（Balans）的"横木（Epart）"。法国的麻底帆布便鞋生产中心在莫雷昂（Mauleon），一个依偎在比利牛斯山（Pyrenees）山麓的小镇，乡间出售的传统麻底帆布便鞋约有 75% 由这里制作。每年 8 月 15 日，小镇上都要举办麻底帆布便鞋的节日以庆祝对它的传承，还有包括著名的抛帆布便鞋大赛等活动。

　　这款功能性鞋在两次世界大战期间跨界成为海滩装；声望颇高的法国公司皮内特（Pinet）在 1929 年树立了奢华的榜样，其产品出没在蔚蓝海岸的时尚海滩；1938 年，有人看见约翰·肯尼迪（John F. Kennedy）而绝非他人脚上的传统款型时，还登上了有关男装的新闻头条。1980 年代，演员唐·约翰逊（Don Johnson）在电

上图：

格雷丝·凯利

　　凯利娴熟于低调奢华，图示为量身定做的裤子搭配麻底帆布便鞋。

左页图：

萨尔瓦多·达利（Salvador Dali）

　　超现实主义艺术家达利通过卖弄传统的男女通用"农夫"鞋，表现他的西班牙出身。

影《迈阿密风云》（*Miami Vice*）中，杜兰—杜兰乐队（Duran Duran）的西蒙·勒邦（Simon Le Bon），以及威猛乐队（Wham！）的乔治·迈克尔（George Michael）和安德鲁·里奇利（Andrew Ridgeley）夸耀着卷起的斜纹棉布裤和麻底帆布便鞋，把简朴的麻绳底鞋和阳光、大海以及顺应了雅痞［即在英国的玛格丽特·撒切尔（Margaret Thatcher）和在美国的罗纳德·里根（Ronald Reagan）的经济政策下方兴未艾的都市年轻职业人士］兴起的设计师思路的混合体相结合。

女式麻底帆布便鞋经历了更多的创新，在嬉皮奢华或者叫"富农"形象正盛的 1970 年代早期，作为晚宴鞋有了成功的表现。伊夫·圣·洛朗通过调整它的参照族群并针对主要的富人重塑为昂贵高雅的流行款式，把嬉皮士升级为超级时尚。帆布便鞋得以填补这个形象缘于 1972 年在巴黎一次鞋展上的邂逅。圣·洛朗在那里偶遇麻底帆布便鞋鞋匠洛伦佐（Lorenzo）和伊莎贝尔·卡斯塔内（Isabel Castaner），他们的家庭企业从 1927 年开始一直制作传统麻底帆布便鞋。设计师请他们用原色帆布帮面、高楔跟和超长棉质襻带增加本土鞋的性感，然后在他的圣·洛朗（YSL）品牌下销售。

因为有了英国时装设计师奥西·克拉克（Ossie Clark）和鞋业明星马诺洛·布拉赫尼克为配合克拉克 1972 年春夏季 T 台秀的合作，麻底帆布便鞋也出现在伦敦的时装展台上。那时，布拉赫尼克刚刚开始鞋靴设计师的职业生涯，满脑子创意，但缺乏技术性专业知识。由于时装展定在皇家宫廷剧院举行，他为此给麻底帆布便鞋创作了现代形象，后来以设计师的名字命名为"奥西"的摇摇摆摆的高跟露趾创作作品，其帮面采用重叠的绿色小山羊皮，环绕脚踝的襻带配饰着晃晃悠悠的假红樱桃。遗憾的是橡胶鞋跟没有结构性或脊柱性的支撑，在体重压迫下扭曲变形，这让模特感觉她们好像"走在流沙上"，但设计的愉悦给了布拉赫尼克极大的突破性进展。忆往昔，布拉赫尼克说，"我还以为它是我职业生涯的结束。模特用非常奇怪的方式走秀。幸好人们以为那是一种新的走路姿势。"

下图：
"吉卜赛 Chyc"麻底帆布便鞋
伊夫·圣·洛朗增加了高橡胶鞋底和假的堆垛麦秆鞋跟。

左图：

"凯特"麻底便鞋

　　凯特·米德尔顿王妃穿了出自L.K.贝内特的"格里塔"麻底楔跟鞋被大肆宣扬，促成鞋的名字改为"凯特"。

　　法国设计师安德烈·阿祖兹（Andre Assous）将麻底帆布便鞋带到美国市场，在那里，他为全天然环境友好的鞋确定了市场。他提出的款型是高编结高台底，加长的纯棉质襻带可以一直系到脚踝。很多厂商都借鉴了这个创意，到1970年代中期，几乎和它的传统原型并无二致了，因为绳索鞋底已成为高台底鞋的重要特征了。由于高台底的步步高升，它必须变得更轻，仿麦秆鞋底采用注塑成型的塑料制成，很多高台底高达五英寸，上面采用帝高（DayGlo）色调的塑料鞋帮面。

　　如今，高端品牌卡斯塔内（Castaner）为爱马仕（Hermes）、路易·威登和克里斯蒂安·卢布坦，还有蔻驰（Coach）以及凯特·丝蓓（Kate Spade）这样的设计师品牌都生产前卫的麻底帆布便鞋。阿祖兹是一家年营业额500万~1000万美元的全球性企业。现在的麻底帆布便鞋在全球已成为夏季的标准服饰，款式从买得起的黄麻底原型到设计师品牌的最高端产品，例如卢布坦的"德尔芬（Delfin）"，林能平（Phillip Lim）的"3.1"皮质麻底便鞋，托里·伯奇的海员条纹款和朗万（Lanvin）2011年的设计作品，那是结合了麻底帆布便鞋和芭蕾平底鞋创作的有罗缎踝带的玫瑰色缎子麻底平底鞋。剑桥公爵夫人凯特·米德尔顿王妃在她2011年婚礼前后都穿着一双L.K.贝内特（L.K. Bennett）的黑色漆皮"格里塔（Greta）"楔跟麻底帆布便鞋，为它的普及也起到推波助澜的作用。

过膝高筒靴
（THIGH-HIGH BOOT）

好吧，让我穿锡箔迷你裙和过膝高筒靴，先给我上晚餐。

——视频游戏《质量效应》（*Mass Effect*）射击首席阿什利·威廉斯（Ashley Williams），2007 年

　　1960 年代，迷你裙蹑手蹑脚地爬到大腿上端变成超短裙，最高的靴子便现身来遮掩大腿露出来的大片区域，并显示了力量感。在女性地位日益提高的时代，过膝高筒靴（thigh-high boots），也称"高筒靴（cuissarde）"，仍然令人感到震惊，尤其因为在那之前，它们只能在偶像杂志上见到。过膝高筒靴突出了女性身体的下半段。女性必须有胆量穿这样撩人的靴子。1967 年，性感明星碧姬·芭杜在"Je T' Aime Moi Non Plus（爱你无限）"的 MV 中跨坐在一辆哈雷机车（Harley Davidson）上，那首歌出自她当时的男友塞尔日·盖恩斯伯格（Serge Gainsbourg）。在视频中，金发蓬乱的芭杜身穿黑色皮质迷你裙和罗杰·维维亚的闪光黑色过膝高筒靴，吸引了千百万男士的目光。

　　对于像维维亚这样的实验性鞋靴设计师而言，为女性构思这样的款型是个自然的过程；1963 年，他已成为创作撩拨人心的鳄鱼皮过膝高筒靴第一人，那是为伊夫·圣·洛朗设计低跟略微尖头的鞋。芭蕾舞蹈家鲁道夫·努日耶夫（Rudolph Nureyev）从"铁幕（the Iron Curtain）"背后进入欧洲时穿着维维亚的鳄鱼皮过膝高筒靴，这是在他青年时期受到禁忌的代表西方国家堕落的明确标志。

　　这个款型在当时的整个十年间由其他法国时装设计师烽火相传，包括与维维亚合作的埃马纽埃尔·温加罗

上图：

皮革女孩

　　穿黑色皮质过膝高筒靴的演员布里特·埃克兰德（Britt Ekland）与她当时的男友帕特里克·利基菲尔德（Patrick Lichfield，约 1970 年）。

左页图：

穿过膝高筒靴的黛比·哈丽（Debbie Harry）

　　1977 年，歌手穿迷你裙和过膝高筒靴摆出挑逗的姿势，显得极度朋克。

（Emanuel Ungaro）；皮尔·卡丹（Pierre Cardin）1968年款的亮光漆皮过膝高筒靴搭配单色宽松运动衫和配套的过肘漆皮长筒手套表现出一种性感的太空时代的魅力。简·方达（Jane Fonda）在1968年电影《太空英雄巴尔巴雷拉》（*Barbarella*）的同名角色中展现了靴子的另一种性感魅力的表达。她的白色皮质太空恋物癖过膝高筒靴出自意大利时装设计师朱利奥·科尔泰拉奇（Giulio Coltellacci），用长达肩部的皮质系带系住。

这些靴子中散发出性感和力量之风并不奇怪，因为他们源自拿破仑一世自15世纪以及继承中世纪骑士的重装甲精英大军的军服。拿破仑的军队具有传奇色彩；装备着直刃剑的重量级士兵跨坐在高头大马上，剑锋像矛一样举过头顶。与之相配的厚重皮靴就像最初的长筒军靴（参见第82页），战斗期间保护着整个腿部。这样，过膝高筒靴传递出非常强有力的男子气概，让人想起士兵和神气活现的火枪手，因此圣女贞德（Joan of Arc）这样的女性穿上它会令人感到不安，她是战争中第一位穿这种靴子的女子。在1431年对她的审判中，她准备认罪的唯一指控就是犯了战场上穿着男子军靴的罪行。

1950年代，靴子与性方面的内容因恋物癖而被挖掘，尤其在欧文·克劳（Irving Klaw，也称为美女照片之父）的作品中，他的模特可可·布朗（Cocoa Brown）专门穿了像女性胸衣那样后面束带的过膝高筒靴。到了1976年，

右图：

哈雷机车上的芭杜

1967年，碧姬·芭杜这一标志性形象把过膝高筒靴引入新时代。

右页图：

腿的诱惑

如这件坦珀利（Temperley）设计作品所示，靴子引导视线至腿以上，露出的一点皮肤形成大腿的一闪。

时装设计师维维恩·韦斯特伍德采用性虐待的风格并凭借当年发布的奴役系列选集把这一风格提升为先锋时尚。

韦斯特伍德位于伦敦英皇道的店铺"性"（Sex）成为叛逆者新部族的"麦加"，由穿着橡胶迷你裙和PVC塑料过膝高筒靴的助手乔丹（Jordan）提供服务，这种别致的冲击形式还有韦斯特伍德的宣言书"性是比其他任何东西都困扰英国民众的东西，也是我抨击的对象。"作为朋克代表的苏可西与女妖乐队（Siouxsie and the Banshees）的苏可西·苏氏（Siouxsie Sioux）和金发女郎乐队（Blondie）的黛比·哈丽都穿靴子，就像流行歌星与新浪漫主义音乐的亚当·安特（Adam Ant）那样，而到了1980年代末期，靴子重新回到哑剧表演男主角和平常的恋物狂热分子腿上。

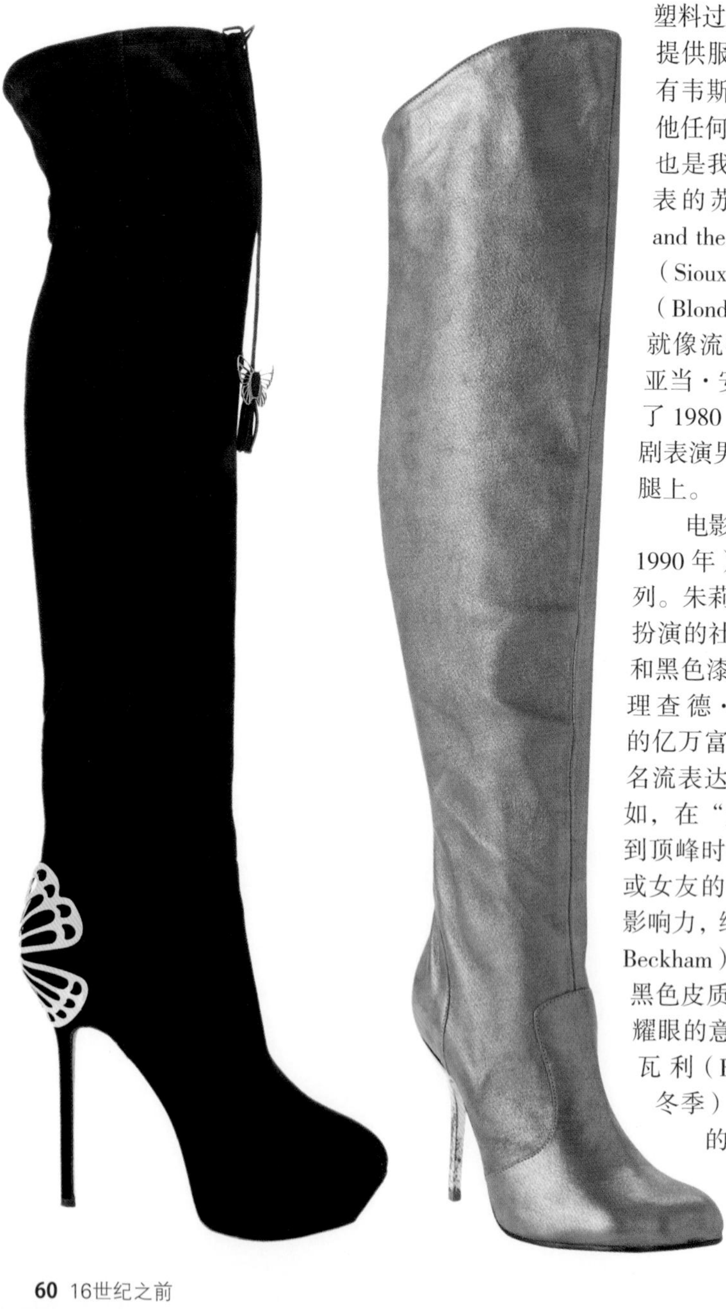

电影《风月俏佳人》（*Pretty Woman*, 1990年）让过膝高筒靴重回时装行列。朱莉娅·罗伯茨（Julia Roberts）扮演的社交陪同穿着弹力镂空迷你裙和黑色漆皮过膝高筒靴，最终赢得了理查德·盖尔（Richard Gere）饰演的亿万富翁的心。靴子很快成为女性名流表达超越性方面内容的方式。例如，在"太太团（WAG）"狂躁症达到顶峰时期，这些高薪运动员的妻子或女友的奢华服饰在主流时尚界成为影响力，维多利亚·贝克汉姆（Victoria Beckham）搭配T恤和紧身牛仔裤穿黑色皮质尖头过膝高筒靴，那是出自耀眼的意大利时装设计师罗伯托·卡瓦利（Roberto Cavalli）（2011年秋冬季）和夏奈尔（2005年秋冬季）的。2009年，斯特拉·麦卡特尼（Stella McCartney）采用多孔人造皮革设计了几双，同年，歌手麦当娜（Madonna）在纽约大都会博物馆举办的年度时装学院庆典（Costume Institute Gala）上戴着蓝色缎质兔子耳朵，搭配路易·威登皮质、带夸张路易斯跟的过膝高筒靴。

最近，随着恋物癖再次渗入时装，过膝高筒靴也重回时装表演台，很多类似爱马仕和路易·威登这样的时装公司都雇请琼·加博里（Jean Gaborit）公司的服务，这个公司为男女顾客制作最好的皮质过膝高筒靴，包括高端时尚、复古和恋物幻想。靴子现在象征极度的自信，蕾哈娜穿着高过大腿的靴子歌唱施虐—受虐狂（S&M）。设计评论家斯蒂芬·贝利（Stephen Bayley）评论这个款式"掩饰与张扬并存：好奇的眼光无法阻挡地投向比膝盖更复杂的部位。任何'看我'的手势都带有色情特点。"

过膝高筒靴适合艳丽的女性气质，符合 2010 年代的气质，正如接发和水晶指甲唤起的时代。

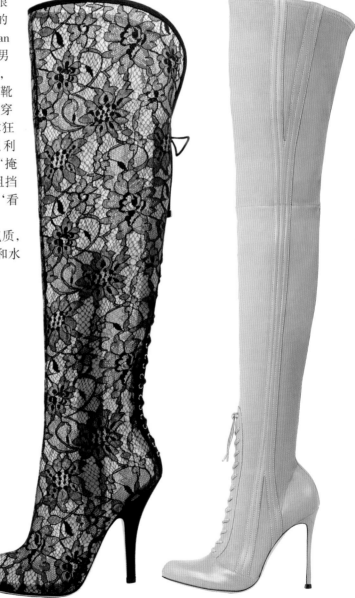

从左至右图：

塞尔焦·罗西（2011 年秋冬季）
　　高的水台平衡了此靴的极限鞋跟。

韦斯特伍德（2011 年秋冬季）
　　银色皮质匕首跟过膝高筒靴，带有招牌模制鞋包头细节。

塞巴斯蒂安（Sebastian）
　　黑色蕾丝过膝高筒靴，后部的花边束带把靴子与闺房联系起来。

贾努托·罗西（Gianuto Rossi）
（2011 年秋冬季）
　　奢侈的卡龙（karung）蛇皮制成高端过膝高筒靴。

高台底鞋（PLATFORM）

我喜欢女孩们变得越来越高越来越高，尤其是高个女孩穿高台底鞋。那就是我的天堂！

——特里·德哈维兰

高台底鞋抬高的鞋底源自于高软木底鞋或巴顿木屐，一种用皮革或织物系带固定在脚上的抬高的楔形鞋底，其目的是在中世纪的欧洲保护双脚不受街道上污秽之物的侵扰。1930年代，设计师安德烈·佩鲁贾、罗杰·维维亚、戴维·埃文斯以及萨尔瓦托雷·菲拉格慕为女鞋添加了高台底，便立刻给实用性款型增添了好莱坞般的魔力。高台底打破了女鞋设计的所有规则，它或许增高了，但看起来很重。女鞋，理应显得轻巧而精致，而现在却变得很笨重。

新加厚抬高的鞋底像很多两次世界大战之间的鞋款一样首先用于沙滩凉鞋，从1930年代中期，厚底的前部安装了铰链和连锁，以便让木质鞋底有灵活性，更易于行走。佩鲁贾把大量触感魅力注入这个款型，一双1938年为法国影星阿尔莱蒂（Arletty）的设计采用金色小山羊皮，襻带与缠绕脚踝的系带相连，软木高台底也用金色皮革包裹。萨尔瓦托雷·菲拉格慕的高台底鞋是十年间最奢侈的，采用夸大的弧形和多层底。1938年他为歌坛巨星朱迪·加兰设计的一双，采用精心制作的金色小山羊皮帮面，软木高台底包裹了五颜六色的奢华"油鞣革"（羊皮）。接下来的十年间，该设计师尝试了一系列全面运用多层皮革、木质和软木层的高台底，雕刻、油漆并用马赛克镜面或闪光的珠宝装饰。

法国鞋设计师罗杰·维维亚是另一位高台底鞋的早期创新者，他从1930年代早期就开始设计有抬高鞋底的鞋。他在巴黎的旧货市场（Marche des Puces）找到一双古代中国人三寸金莲的便鞋，他描述怎样地"贴近研究中国人的便鞋，带来我对高台底鞋的发明；但是，幸福很快变成眼泪，因为当我把它送回纽约时，我被告知它

上图：

"超高吉利鞋（ Ghillie ）"（ 1993年）

伦敦时装周上，黑珍珠内奥米·坎贝尔（Naomi Campbell）用一条穿着厚底鞋的腿缠住设计师维维恩·韦斯特伍德。

左页图：

先锋派狁狳

亚历山大·麦昆的极端高台底鞋设计将人脚变化成爬行动物的幻象。

太不适合美国女性穿。"维维亚的实验遭到的否定来自赫尔曼·德尔曼（Herman Delman），这是自 1919 年便开始了业务的鞋品制造商和零售商，1930 年代，扩展为成品鞋的经营。具有讽刺意味的是，尽管德尔曼当初担心那款鞋卖不掉，在那个十年快要结束时，他的工厂每周都生产 2500 双高台底鞋，很多还镶着金边、银边和上色的铝边，黑暗中熠熠生辉。

在美国，高台底鞋的流行在某种程度上得益于影星卡门·米兰达的人气，据报道，1946 年，她是全美薪酬最高的艺人，当年收入 20 万美元（约合今 200 多万美元）。她身高五英尺三英寸（约合 1.6 米），要用泰德·萨瓦尔（Ted Saval）设计的大尺度高台底鞋弥补舞台和屏幕上她的高度。到 1941 年，高台底鞋达到时尚的顶点，约瑟夫·萨隆（Joseph Salon）的"摇摆（Teeter）"高台底鞋在女性杂志上登出广告，在第二次世界大战后期，其高度已达五英寸；纽约的鞋靴公司"维持平稳（Palter de Liso）"（创建于 1919 年）制作金色小山羊皮包边的珠宝色小山羊皮有踝带的高台底鞋。不过，高台底鞋一统天下的日子并不长久，到 1950 年代，这个款式完全被匕首跟取代，人间蒸发了二十多年，直到 1970 年代才以更堂皇的形象重出江湖。

1971 年，《星期日泰晤士报》（*The Sunday Times*）报道了"带有宽大棒状楔跟的怪靴子"，戴维·鲍伊（David Bowie）、斯威特（Sweet）以及埃尔顿·约翰（Elton John）等迷惑摇滚（glam rock）明星演出时穿着卡通且比例稀奇古怪的高台底鞋，女性鞋靴时尚的娘娘腔装扮。穿上迷惑摇滚的高台底鞋是为了创造出堂皇的戏剧性和半男半女的舞台风貌，那十年的后期，摇滚乐队 KISS 利用了大摇大摆的男子汉风格。高台底是这种鞋的主要特征，用金属或原色皮革的条带标出层与层的分界（也可以标明和矫形鞋以及传媒报道中那些一直和它比较的鞋之间的差异），使人关注到鞋子的高度。这种异乎寻常的、惹人注目的鞋是男性穿过最高的一款，成为主流之后，搭配高腰喇叭裤和敞口到肚脐的衬衫，这成了像埃尔顿·约翰这样矮个子的福利，他自己也承认那就是他这么穿的理由。

　　高台底鞋在美洲是一场令人难以置信的冲击，出现在 1970 年代的时装杂志和广告宣传中，直到 1980 年代仍在迪斯科文化和主流时尚中保持热度，糖果（Candies）、多伦多的马斯特·约翰（Master John）和加利福尼亚的切罗基（Cherokee）都生产高台底鞋。高台底鞋也同以电影《超级苍蝇》（*SuperFly*，1972 年）为基础的"超级苍蝇"时尚相关联，该电影领衔主演罗恩·奥尼尔（Ron O' Neill）饰演铁血牧师，在纽约阴暗的黑社会打拼的毒贩，相关联的还有柯蒂斯·梅菲尔德（Curtis Mayfield）创作的畅销电影原音音乐。过度阳刚的衣着风格由电影中的皮条客展示出来，包括紧身衬衫和高腰喇叭裤，光鲜珠宝期待着 2000 年代的"珠光宝气"，以及夸张的高台底鞋。负责另一部有争议的"黑人"电影《夏福特》（*Shaft*，1971 年）原声音乐的艾萨克·海斯（Isaac Hayes），拥有 27 双紧身过膝高筒厚底靴。作家汤姆·沃尔夫（Tom Wolfe）在随笔《恶俗的时髦》（*Funky Chic*，1973 年）中生动地描写了那个形象："所有年轻的大佬和花花公子都在蒙特雷俱乐部（Monterey Club）前闲游浪荡，穿着五英寸高跟的双色漆皮锥形鞋（Pyramids），它在底部鼓起以便和他们身上的皮埃尔·夏洛（Pierre Chareau）装饰艺术格子呢宽松喇叭腿裤相配，还有三英寸深的大象袖口，朝适合座位的'喷雾罐'向上收缩。"沃尔夫对鞋的描写也使人想起观众鞋（参见第 158 页）的另一种变化，一款自 1920 年代在非裔美国人中有重要地位的鞋。

　　亚克力鞋跟内有活的金鱼，这样的高台底鞋的存在已经引起很多年的热议。1972 年，《蒙特利尔公报》（*Montreal Gazette*）刊登了一幅鞋销售员比尔·希兰（Bill Shillan）的特写照片，他举着"埃尔·帕德里诺（El Padrino）"或"教父鞋（Godfather Shoe）"，由乔德福君子（Gentlemen's Jodphur，创建于 1971 年）的罗恩·斯科特（Ron Scott）设计，这是以稀奇古怪的高台底鞋设计而著名的美国制鞋商和零售商。"埃尔·帕德里诺"的鞋帮面用星条旗做装饰，四英寸的有机玻璃鞋跟，

下图：

女施虐狂鞋

　　约 1935 年的恋物癖踝靴，夸张的高台底展现了受禁锢的脚和抬高的身高。

A.F. 范德福斯特（A. F. Vande-vorst）（2009 年秋冬季）

内藏式高台底是 2000 年代流行的新做法，为极端的鞋跟提供了视觉上和实际上的平衡。

下图：

加利亚诺（约 2000 年代）

顽皮的后现代主义设计，结合了《美好年代》中的前面系带的鞋帮面和高挑的针状后跟与暴露式高台底。

在商店橱窗展示时，还可以兼做鱼缸，从鞋内底的透气孔可以照管里面的鱼。报告最后说，"你觉着有什么猫腻吗？猜对了。这鞋根本不是拿出来卖的，更别说穿了。"像 1950 年代的"吉娜带轮鞋跟（Gina Wheel-Heel）"匕首跟鞋，可能是为防止金属鞋跟掌面破坏地板，那款笨重的鞋的锥形鞋跟跟端安装了轮子——"埃尔·帕德里诺"似乎已经找到了推广宣传的噱头。

高台底鞋在 1990 年代也很流行，那个年代里最先出彩的是维维恩·韦斯特伍德在肖像画作品合集（Portrait Collection，1990 年秋冬季）中推出的"抬高的船鞋"（Elevated Court Shoe），还有约翰·弗沃科设计的标志性"明斯特鞋（Munster Shoe）"，欢娱合唱团（Deee-Lite）首张专辑"世界聚群"（World Clique，1990 年）封面歌手基尔女士（Lady Miss Kier）就穿着它。麦当娜在 1991 年的电影《与麦当娜同床》（Truth or Dare）中也穿着路易斯鞋跟的明斯特鞋。韦斯特伍德的作品集以 1980 年的"海盗选集（Pirate Collection）"开始，在整个 1980 年代变得越来越历史化，她在鞋上的兴趣反映了她的信念，即服饰应体现"史诗的概念"。女性不是非由男人把她们供到台上，穿上鞋，自己就能做到。

韦斯特伍德提供了与普拉达极简主义艺术占主导的发展进程的对比，那是一个已经用谨慎的黑色服饰、鞋和氯丁橡胶的包捕捉到时代思潮的意大利品牌。韦斯特伍德的选集则有着天壤之别，模特就像是从华托（Watteau）或弗拉戈纳尔创作的凡尔赛宫贵族女士闺房的绘画中走出来的，身穿黑色素弹力绒外套，满是精心制作的金色描绘的洛可可装饰细节和诸如弗朗索瓦·布歇（Francois Boucher）《达芙尼斯和柯乐》（Daphnis and Chloe，1743 年）照相复制——韦斯特伍德花过大量时间在伦敦华莱士收藏馆（Wallace Collection）研究 18 世纪绘画。闪光的黑色漆皮或棕色小山羊皮"抬高的船鞋"（Elevated Court Shoe）有内藏式高台底，一整块加长的鞋帮面包裹住它，不像 1970 年代明显外露款型那样通过外观上分层来突出它高度的特点。从正面看内藏式高台底，它就像船头，厚大、略呈喇叭形的鞋跟平衡造型，这样引人注目的外形不需

上图：

范思哲（Versace），约 2000 年代

漆皮高台底鞋，摇摇摆摆的高度在最柔和的蜡笔色配色系统中得到缓解。

要任何附加的装饰。选集中还有一款高台底牛津鞋，棕色皮质前帮翼从鞋帮面后部伸展开——"抬高的羽翼鞋（Elevated Wing Shoe）"。

肖像画作品合集之后，韦斯特伍德用同样的款型试验，她用灰色羊皮制作的"超高皮靴（Super Elevated Fur Boot）"（于 1994 秋冬季"自由合集"）使内藏式水台和鞋跟达到更高；还有摇摆浅黄绿色仿鳄鱼皮"超高船鞋（Super Elevated Court Shoe）"（出现在 1993 年春夏季 Grand Hotel），以及担负最坏名声的仿鳄鱼皮"超高吉利鞋（Super Elevated Ghillie）"，出现在英国狂作品集（1993 年秋冬季）中超级名模黑珍珠内奥米·坎贝尔的脚上。

《纽约时报》1991 年宣告了记者所称"高台底鞋的复苏"，并附带了几句提醒："高台底鞋让所有女性感觉更高更瘦。她们穿上长紧身裙确实显得很漂亮，因为它们重新定义了身形比例。但穿这种厚鞋是需要技巧的，甚至有潜在的危险。一丁点磕碰可能就会让石膏绷带替代了鞋。"坎贝尔就应该小心着点，穿着韦斯特伍德的蓝色踝带高台底鞋（参见第 63 页）在时装表演台走秀时就曾失足跌了个大跟头，让摄影师（和时尚精英们）大呼过瘾。

1992 年，卡尔·拉格费尔德（Karl Lagerfeld）在夏奈尔也展示了高台底鞋，尽管比韦斯特伍德和弗沃科来得更含蓄，是软木底黑色小山羊皮高台底凉鞋，两英寸的底，四英寸半的跟，用尼龙搭扣系紧的踝带。拉格费尔德呈现的高台底鞋让人想起 1940 年代的原型，引起了新闻记者威廉·格兰姆斯（William Grimes）在《纽约时报》上的另一篇分析，很明显，他倾心于这个趋势，"她的鞋是个矛盾体。它颠覆了凉鞋的含义，是阳光和新鲜空气的创造，但是却列为险恶的夜间服务。鞋底厚大却很轻，

天然未加工的材料表现出技巧的运用。配上优雅的踝部护带，夏奈尔凉鞋让脚成了漂亮的奴隶。"

在1995年秋冬季的"妓女万岁"合集（Vive la Cocotte Collection）中，韦斯特伍德把陪伴她的高台底的厚大喇叭跟替换成金属纺锤形匕首跟，在底部用一个圆盘辅助平衡。如果说动荡就是变革，用匕首跟而不是堆垛跟结合内藏式高台底就是个大变革，鞋靴设计上预期的创新经过了远不止十年。

2009年，伊夫·圣·洛朗的"礼物（Tribute）"高台底凉鞋开始了对强大高台底鞋（power platform）的主导地位，这个有着令人眩晕的鞋跟的鞋需要在鞋底下面加一个高台的厚板以保持平衡，也让鞋更实在地可穿。与作为1970年代和1990年代早期高台底鞋分水岭的矮粗鞋跟比较起来，强大高台底鞋拥有极高的、精巧的鞋跟，更能体现一定的高雅。维多利亚·贝克汉姆在2011年出席威廉王子（Prince William）和凯特·米德尔顿在西敏寺大教堂（Westminster Abbey）的婚礼时，穿了一双定制克里斯蒂安·卢布坦水仙花作品集作品（Daffodils），染色处理以便和服装相配，六英寸半的鞋跟，两英寸半的内藏式高台底。设计了许多最奢侈和实验性的强大高台底鞋的鞋靴设计师尼古拉斯·柯克伍德在2011年解释说，"10厘米的高跟，我是说，看着还是有点老气和低矮，不是吗？"同年，在一篇题为"强大高台底鞋的升高"的文章中，记者杰斯·卡特尼尔—莫利（Jess Cartner-Morley）写到，"强大高台底鞋一点都不老旧。传统的匕首跟鞋型是权力服饰的含蓄形式，相比较而言，新的高台底对于把对手踩在脚下毫不隐晦。它是鞋世界的4×4。"有趣的是，不像1970年代风采的光辉岁月，男性拒绝参与高台底鞋的复苏。它已经变得绝对优势的女性化。

楔跟鞋（WEDGE）

> 高台底鞋让矮个女孩变高，楔跟鞋让高个女孩显得矮一点。
>
> ——《生活》杂志（*Life* magazine），1938 年

第一双楔跟鞋是高软木底，一种有厚实的软木或木质鞋底的鞋，见于 14 ~ 17 世纪的欧洲，它起源于传统的土耳其洗浴用木屐，叫做纳恩（nahn）。高软木底鞋的软木鞋底一直在加高，直到它引起非议。一名旅途经过威尼斯的朝圣者记述那些妇女"穿着包裹着布的庞大鞋底的鞋走路，有我三个拳头高，令她们走起路来如此艰难，人们对其报以怜悯之心。"

最高的高软木底鞋是妓女在威尼斯的公共广场上穿的，那是一个富有的国际化大都市，时装是财富和等级的主要衡量标准。高软木底鞋成了性交易的广告形式，它确实让站街女在人群中脱颖而出；稍矮一些的高软木底鞋也叫"皮亚内里（pianelle）"，是那些有名望的女士的鞋靴，她们乐于远离臭烘烘的城市街道。富婆们也喜欢能装饰她们鞋子的额外材料，能够突出她们的精美服饰，同样也突出了她们的社会地位。

现代楔跟鞋由意大利鞋靴设计师萨尔瓦托雷·菲拉格慕于 1940 年代发明。这个时期鞋子的主要任务是提供功能性和战时的耐久性，为政府"实用计划（Utility Scheme）"效力的英国设计师哈迪·埃米斯（Hardy Amies）和迪格比·莫顿（Digby Morton）构思的实用女花呢便装也同样是讲求做工的。1935 年，墨索里尼的意大利军队入侵埃塞俄比亚时，菲拉格慕的楔跟鞋成为意埃战争的直接后果。国际联盟施加给意大利的经济制裁导致用于鞋弓的钢材供应短缺。菲拉格慕因在他所有鞋的鞋弓处插入钢板来增加对脚的支撑力而闻名，他狂热地坚信鞋既要有时髦的外表也要符合人体工效学的观念。他说，"必须说服女人，告诉她们奢华的鞋不必承受走路时的痛苦；一定要让她们相信，穿上最高雅又独特的

上图：
主流时尚
　　到 1950 年代早期，实用型楔跟凉鞋是女性衣柜中公认的主要必备品。

左页图：
好莱坞式楔跟鞋
　　1950 年，在比弗利山庄（Beverly Hills），玛丽莲·梦露为拍照档期穿的带踝带楔跟鞋。

鞋是做得到的，因为我们知道如何能按脚形设计合脚的鞋。优雅与舒适并非不可兼得，坚持这两方面对立的人只是因为他们并没有把事情彻底弄懂。"

缺乏高质量钢材而催生的楔跟鞋就是这一哲理的完美例证。1936年，在他佛罗伦萨的工作车间里，菲拉格慕提出一个简单有效的解决方案，填充平底板和鞋跟之间的空隙。为了让楔跟鞋的体量穿起来足够轻便，菲拉格慕用多层撒丁岛软木塑形，他解释说，"舒适性就在于软木。橡胶会给人不平稳、有弹性的脚感，而软木让人感觉就像踩在垫子上。"要得到合适的效果，软木必须经仔细地加工：专业工匠至少要花两天时间把它打磨好，然后压紧使它保持牢固不变形。楔跟鞋是项革新，因为它既能增加穿着者的高度又能保持自身平衡。1937年，菲拉格慕申请楔跟鞋的专利，继而，他却可怜地意识到，"那时，世界上所有鞋匠都在做楔跟鞋，要想维护我的权力要求，我得起诉每一个人。"

菲拉格慕创作了很多新颖的楔跟鞋。1938年，他把平底皮拖鞋（babouche，一种有着独特上翻鞋包头的土耳其设计）与后空式潮拖结合，在奥利弗·梅塞尔（Oliver Messel）为制作电影《巴格达窃贼》（The Thief of Baghdad）而完成的设计图之后，添加了金色小山羊皮包裹的楔跟；1942年，拼缀小山羊皮椭圆形鞋包头的设计，土耳其蓝色、赤土色、芥末黄色和深紫色小山羊皮彩带包裹着四层软木的楔跟；还有1947年"看不见的鞋（Invisible Shoe）"，最初由美国人西摩·特洛伊（Seymour Troy）于1939年设计，苗条的F形木质楔跟为特征的设计，局部踝带，穿着者的双脚用透明尼龙线稳住，这便是其名称的由来，让鞋子产生"透视"效果，灵感来源于菲拉格慕曾见过阿尔诺河（River Arno）上的渔夫用过的钓鱼线。

在欧美1930年代后期和1940年代，很多公司生产楔跟鞋，从低矮的木质鞋底到高软木底，侧边形成的面可以有无数个方式去美化。战争结束时，由于楔跟鞋与战后岁月的关联，受到大范围强烈抵制。美国《时尚》杂志编辑戴安娜·弗里兰（Diana Vreeland）对楔跟鞋和高台底鞋都很反感，她回忆说："所有人都穿着木质鞋，啪嗒，啪嗒，啪嗒。从木质鞋底在人行道上

右页图：
杜嘉班纳（2011年）
这只有踝带的楔跟鞋吸取了1970年代鞋款型的比例。

下图：
拉克鲁瓦（2007年春夏季）
一款张扬的黑色喷漆木质楔跟鞋，有黑色皮质踝带和流苏装饰。

的声音，你都能知道是什么时间了。如果来了一阵啪嗒声的急风暴雨，就是说午饭时间到了，人们正离开办公室去餐厅。饭后回去的时候又是一阵强烈的啪嗒声。"

1970年代，经过鞋匠特里·德哈维兰的努力，楔跟鞋开始复苏，芭芭拉·胡拉尼凯（Barbara Hulanicki）在比巴（Biba）所倡导的怀旧鞋大规模复兴之后，特里·德哈维兰魔法般地重新诠释了楔跟鞋的造型。1969年，在阁楼上发现了父亲1940年代的一件原创设计之后，他创作了标志性的"莱拉（Leyla）"，一款蛇皮拼缀的三层结构楔跟凉鞋，接着是1975年的金属色蛇皮"马尔戈（Margaux）"。特里·德哈维兰1938年生于特里·希金斯（Terry Higgins）之家，继承了他的家庭企业，伦敦的韦弗利鞋业公司（Waverley Shoes），并于1972年在伦敦英皇大道开设了他的店铺"世界补鞋匠（Cobblers to the World）"。在这里，他向布里特·埃克兰德（Britt Ekland）、比安卡·贾格尔（Bianca Jagger）还有安吉·鲍伊（Angie Bowie）这样的顾客销售5英寸高的楔跟鞋。1971年，贝丝·莱文设计了有绉绸楔跟的印花皮靴，北方灵歌（Northern Soul）的歌迷都穿这款高耸的、三个搭扣版楔跟鞋。在美国，"Kork-Ease"软木楔跟鞋成了国家现象。到1976年，朋克用刚毅取代了魅惑，匕首跟复兴了，德哈维兰以"神风特工队员鞋（Kamikaze Shoes）"为品牌名称开始转向迎合亚文化市场。

1990年代，楔跟鞋凭借和无处不在的布法罗（Buffalo）运动鞋混合的造型开始回归，高耸的楔跟鞋很显然穿着走路都有危险，开了运动鞋一个玩笑。1996年，流行乐队"辣妹组合（The Spice Girls）"使运动鞋变得大众化。她们对"女孩权力（Girl Power）"的要求，以及穿着6英寸高的楔跟鞋"布法罗之塔（Buffalo Tower）1310-3"，把傲慢的性感渗透进如此夸张造型中，尤其是搭配霓虹色调弹力迷你裙时，赋予楔跟鞋以感染力。当巴法络（Buffalo）在伦敦尼尔街（Neal Street）开店时，它成了崇拜宝贝辣妹（Baby Spices）者的圣地，即便1997年这名流行歌星众所周知因掉了鞋而摔断脚踝却依然一如既往。

下图：

普拉达"火箭"

普拉达在2012年春夏季推出呼应电影《闪电侠》（*Flash Gordon*）科幻风格的楔跟鞋。

顺时针自左上图：

尼古拉斯·柯克伍德

蓝绿色鞋帮面的色彩斑斓的楔跟鞋（2012年春夏季作品）。

"肉豆蔻桃色"楔跟鞋

克莱奥 B（Cleo B）为 2011 年春夏季设计的雕塑般的楔跟鞋。

"诺登（Norden）"楔跟鞋

瓦尔特·斯泰格尔（Walter Steiger）设计艳粉红色鞋（2011年春夏季作品）。

皮埃尔·哈迪（2007年春夏季作品）

带珍珠细部装饰的圆润、金属色皮质踝带楔跟鞋。

由意大利时装设计师缪西娅·普拉达（Miuccia Prada）于 1992 年创立的普拉达折中主义姐妹品牌缪缪，发布的楔跟鞋无意中很危险地与德哈维兰的设计形象十分接近，足以引起他的愤怒而重新发布设计原型。凯特·莫斯和西恩纳·米勒（Sienna Miller）这些现代风格标志人物的脚上也穿过"莱拉"和"马尔戈"，新的一代又发现了楔跟鞋。2000 年代，楔跟鞋的流行出现了一次高潮；2005 年，帕特里克·考克斯（Patrick Cox）设计了异想天开的金色皮质系带楔跟鞋，小型枝形吊灯在鞋后方摇摆；2008 年，品牌扎博特（Zabot）发布一款"混血"产物，闪光的浅莲红精致木底楔跟鞋；2009 年秋冬季，芬兰出生的朱莉娅·伦德斯滕（Julia Lundsten）创立的品牌 Finsk 发布了后侧拉链的黑色小马毛和单色小山羊皮楔跟踝靴。从吉尔·桑德尔（Jill Sander）的黑色皮质楔跟踝靴经过卡尔旺（Carven）的楔跟懒汉鞋到艾克妮（Acne）的楔跟布洛克鞋，楔跟鞋在鞋靴词典中已经和每一款鞋密不可分。

16 ~ 18世纪

　　这一时期，一种浮华开始加入鞋中，高跟得以发展，起初是实用性的作用，用来保持男性骑马时脚蹬住马镫，后来则成为社会地位的标志，它的确提高了穿着者在地位低贱的民众面前的高度。随着女鞋越来越精致，带弧线形路易斯跟，用奢侈材料制作，鞋靴也更多地区分男女。

马靴（RIDING BOOT）

有着神奇的乌黑光泽的高高的棕褐色马靴，仿佛是新的，却已经穿过上百年。

——约翰·高尔斯华绥（John Galsworthy），1932 年

马靴是带跟的靴子，适合并能把持住马镫，靴筒的高度足以保护骑手的腿不被马鞍硌伤，它的坚实又足以在地上时保护脚部。高马靴习惯上用软皮制作，骑手可以用很轻的力量控制马的侧腹。在发明铁路和机动交通工具前，绅士们都骑马、穿马靴，靴子遂成为声望的标志，很多靴子都非常富有装饰性且华丽非常。16 世纪是马靴最为华丽的时期：满是荷叶形修边、复杂图案的帮面，以及蕾丝饰边的翻口。所有这些装饰痕迹都能在如今对比鲜明的棕褐色皮质沿口、光滑的黑色皮质马靴的结合体上见到。

很多男式马靴都赋予军事活动有关的命名，比如"拿破仑"，其特征是高高的正面。法国大革命以后，男式马靴变得更庄重，为功能性穿着而不是为赶时髦，使用上蜡革制作，构造也更结实。对女性而言，骑马完全是另一回事，要知道骑马的平等是 20 世纪的成就，就像女性的选举权一样。很多早期社会中，如美洲原住民和中亚，女性跟男人一样骑马，在 13 世纪就跨坐于马上，作家乔叟（Chaucer）在《坎特伯雷故事集》（*Canterbury Tales*）中描写健壮的、穿着马刺的巴斯夫人（Wife of Bath）像男性骑手一样骑着马。随着重装饰的裙子成为时尚，女性开始使用女用马鞍或在马鞍后面铺设坐垫骑在马上。

这里面还有另一个问题在起作用，即在封建制度统治时期，贞操被高度关注，女性尤其是皇室新娘不允许拥有财产。1382 年，波西米亚的安妮公主（Princess Anne of Bohemia）跨越欧洲去和已订婚的理查二世（King Richard II）相见时，她侧鞍而行，坐在一个座椅一样的设计巧妙的装置上，有前鞍桥可以握持，还有基本的脚踏。

上图：

杰奎琳，哦！

时尚象征的杰奎琳·肯尼迪（Jackie Kennedy），在东汉普敦马展（East Hampton Horse Show），穿着马靴体现出一派帅酷的贵族时尚。

左页图：

运动装的奢华

奢侈的皮质配饰品是爱马仕的特色。这些马靴发布于 2011 年春夏季。

女性不再被允许操控马匹（同样也不能掌握自己的命运），由男骑手在前面引导。到17世纪，风俗已经根深蒂固，没有哪位女性跨坐骑马，人们认为那是最大程度的放纵。至17世纪，侧鞍前部使用了鞍桥，骑手可以绕着它屈单膝以保持平衡，并得以在一定程度上操控，还有皮革包裹的马镫可用于单脚，这样，女性就用皮带系于马的一侧。在今天看来，这令人难以置信，很多人能够用这么危险的姿势骑马追逐，甚至跳跃。而的确会发生事故，幸运的男骑手可以从坐骑上被抛出还安然无恙，而侧坐于鞍桥上的女性则从马上被掀翻，可能会粉身碎骨。

可以理解的是，女性的马靴发展很慢，因为人们公认的是妇女不需要"骑"马。18世纪和19世纪早期，女性骑在马背上时，为呈现出漂亮的图景，她们同样要穿着通常在白天穿的无跟皮拖鞋。到1848年，《格戴斯妇女手册》（Godey's Lady's Book）里写到，"骑马时应穿黑色靴子。常骑马的女士会发现穿干净利落的小山羊皮或摩洛哥皮靴的好处"，但没有足够的证据显示这是已经流行起来的时尚。这需要有一群先锋女性去创造改变，被授予"长骑士（Long Riders）"称号的女旅行家，还有包括向墨西哥牛仔学习如何像男人一样骑马的伊莎贝拉·伯德（Isabella Bird），旅居冰岛时像当地妇女一样跨坐骑马的埃塞尔·特威迪（Ethel Tweedie）都说明，"情急生勇，所以决定抛弃习俗，要像'冰岛人在冰岛那样做。'我超过队友并放胆一路奔跑开去时，他们都感到好笑；但是我跨坐带来的舒服感足以让我把他们的取笑和嘲弄之置之脑后。像男人那样骑行没有侧坐那么辛苦，我很快就发现这令人愉快得多，尤其穿过坎坷路面时。我的成功很快激励 Miss T. 也鼓起勇气，唯我马首是瞻。社会是个苛刻的监管，而对于舒适性和安全性而言，我说：要像男人那样骑马"。

到20世纪早期，骑马在女性中流行得到突飞猛进的发展，侧坐马鞍成为过时的方式或者见于德高望重的长者，在希望不减少体育活动的女权思想女性中尤其是这样。1910年，这样一位骑手，叫做"双枪老太婆阿斯平沃尔（Two Gun Nan Aspinwall）"穿着专门改制的裤裙，跨坐着从旧金山骑行到纽约。1912年，艾伯塔·克莱尔（Alberta Clare）在号召妇女为选举而战时以同样的方式骑马穿越美国。妇女参政论者伊内兹·米尔霍兰德

（Inez Milholland）在 1912 年和 1913 年，穿着受圣女贞德启发的行头，跨坐在她的白色骏马"晨曦"上，走在纽约和华盛顿庞大的妇女游行队伍前，在去往国会山的沿途，令反对她们的男人们俯首帖耳。1920 年，妇女参政权在美国宪法修正案中得到获准，妇女参政权论者侧坐骑行到投票站，投票后跨坐于马上疾驰而去。

对于男人和女人而言，马靴都是具有实用性和功能性的，那时候起，骑马就是与运动有关的事，而不是和地位有关。一开始是穿有鞋罩、皮裹腿或绑腿的靴子，包括有踝带的灵活的战地高腰靴、翻口猎靴，后来是两侧有松紧的骑兵短靴。如今，高马靴无论何时跨越进入时尚都受欢迎，它的堆垛跟和圆润整洁的外形还是有规律地出现在冬日里。设计师钟爱靴子与生俱来的魅力，经常将它与粗花呢和费尔编织毛衣（Fairisle knits）搭配，以唤起经典的田园牧歌风情。

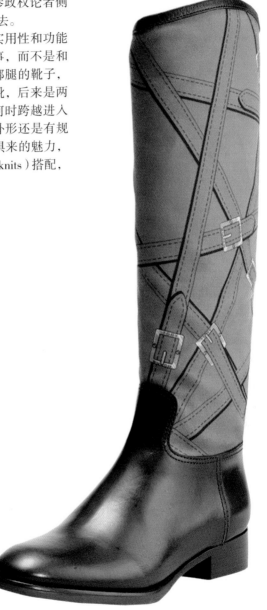

左页图：

詹马科·洛伦佐（Gianmarco Lorenzo，2011 年）

洛伦佐摆弄着传统马靴的语汇，添加了匕首跟和鞋外包头。

右图：

捆绑的靴子

托里·伯奇在马靴的靴筒上加入妙趣横生的印花图案，和真实存在的鞋包头及鞋跟形成对比。

长筒军靴（JACKBOOT）

长筒军靴在如今看作是极权政体的鞋靴，而它的原型是士兵的马靴，不是步兵靴。其名称源自法语"jaque"，或锁子甲，因为早先高筒的快速装甲部队的靴子是加厚或用缝合在皮质衬里的锁子甲加固的，由此其坚韧得到普遍认可。装甲部队的长筒军靴是专门为马背上的士兵设计的：靴筒长及膝部，保护它不会在作战期间受伤；加宽的鞋口方便穿脱；高跟适合蹬在马镫中；围绕踝部有平整的皮质带子用来固定马刺。

> **我想我始终有动力，和某种必须有的内在的斗争。**
>
> ——瑞克·欧文斯（Rick Owens）

从17世纪到19世纪，长筒军靴在整个欧洲都是装甲兵部队的着装，直到士兵跨下马时显得太笨重为止。它仍用作礼仪服装的款式，最著名的是伦敦的女王皇家骑兵所穿，由伦敦上流社会梅费尔区（Mayfair）的施奈德靴业（Schneider Boots）生产。到19世纪末期，"长筒军靴"一词扩展为涵盖了高及小腿肚的靴子，拉拽靴子内的襻带穿上，不带拉链或鞋带。

第一次世界大战期间，长筒军靴这个词开始指向战斗鞋类或军靴（行军靴），为第一次世界大战中德国纳粹党突击队员、第二次世界大战中纳粹党卫军和冷战期间俄军所穿着。这样，长筒军靴开始与沉重的政治或军事观念联系起来，并延续至今。德国款式在长度上的变化从及小腿肚到及膝，鞋底有鞋钉，长距离行军时更耐穿，鞋跟处嵌入马蹄铁形构件，这个五金件也会发出独特的象征压迫的声音，尤其是鞋跟一起咔哒时。第三帝国期间的纳粹骑兵发布过1939型行军靴，采用棕褐色皮革，需要擦鞋匠擦出黝黑锃亮的效果。

第二次世界大战后，长筒军靴某种程度上成了禁忌品。它走入地下，出现在 SM（sado-masochistic，意为施虐与受虐的）图景中，直到 1960 年代的一些电影里，如维斯孔蒂（Visconti）的《纳粹狂魔》（*The Damned*，1969 年）、《午夜守门人》（*The Night Porter*，1974 年）和《纳粹疯淫史》（*Salon Kitty*，1976 年）中重返人们的视野。2000 年代，长筒军靴同黑色皮风衣、鸭舌帽一道也出现在 T 台秀上，还有如路易·威登 2011 年春夏季选集中那种款式的靴子。拉夫·西蒙斯（Raf Simons）从 2007 年秋冬季选集开始，以及为他 2011 年春夏季的圣歌选集都在玩这样的元素，瑞克·欧文斯用缝合的帮面细节和三颗调整靴子合脚程度的单排按扣表现高筒黑色皮质"劫机"长筒军靴。同他们第三帝国的先驱一样，欧文斯的长筒军靴也用同样的硫化橡胶鞋底和帆布内衬。

左页图：
"劫机"长筒军靴（2011 年）

瑞克·欧文斯的圣歌合集中，发布了这款有缝线细节和调整合脚程度的按扣的长筒军靴。

下图：
圣歌合集

欧文斯是为现代用户重塑令人感到不安的长筒军靴形象少数几名设计师之一。

布洛克鞋（BROGUE）

是纯粹的鞋迷毕业的时候了。

——戴尔·托罗（Del Toro）董事长马修·舍瓦拉尔
（Matthew Chevallard，2011年）

布洛克鞋源自挪威词汇"brok"或"盖腿（leg covering）"，是一种低跟鞋或靴，鲜明特征是皮质帮面上装饰着镂空小孔（也叫拷花）、锯齿和绒丝带。17世纪的布洛克鞋原本是未经鞣制的穿孔皮鞋，为行走在苏格兰和爱尔兰的泥炭沼泽而设计，因为小孔可以排出水。1779年，作家塞缪尔·约翰逊（Samuel Johnson）行至离开苏格兰海岸的斯凯岛（Isle of Skye）时写他看见"布洛克鞋，一种朴实无华的鞋，用皮条松散地缝制，所以能保护脚免受石头的磕碰，但却不能防水。以前布洛克鞋用生皮制作，皮毛翻向内侧，这种做法可能仍见于落后的遥远地区，但据说这样的鞋挺不过两天。生活多多少少改善了的地区，则使用经橡树皮鞣质的皮革制作。"

到18世纪，这种原生态的鞋靴发展成有厚实平头钉鞋底、使用鞣制皮革的重头鞋。19世纪，鞋面发展成双层的，仅在第一层打孔，排水又不牺牲防水性能。因为有着田园牧歌式的起源，布洛克鞋总是被当作狩猎、射击和捕鱼爱好者的鞋靴。然而，到了2000年代，它成了女性时尚，对文化遗产优雅地标新立异成为适合少女的芭蕾平底鞋（参见第98页），很多设计领先的制鞋商和精品时装公司都生产这种款式，包括缪缪、托里·伯奇、古琦（Gucci）和2011年把金光闪耀的品牌置入无烟煤颜色皮鞋中的马克·雅各布斯。

经典的12世纪布洛克鞋的基础是满帮系带的牛津鞋（参见第90页）或散步鞋，再加以多种手法的装饰。鞋外包头是重点：它可以是传统的全包、半包或四等分；它也可以是带W形翼形装饰或长及整鞋的长翼。正式的苏格兰人裙装布洛克鞋或"吉利鞋"堪称豪绅在私人庄园进行渔猎探险的助手，布洛克鞋为了速干，实际是没

上图：
皇室钦定

威尔士亲王爱德华（Edward）1930年代是一位时尚革新家，穿着布洛克鞋打高尔夫球。

左页图：
怀旧布洛克鞋

罗伯特·雷德福（Robert Redford）在《了不起的盖茨比》（The Great Gatsby，1974年）中穿着西服套装、马甲和经典的男式布洛克鞋，大放异彩。

有鞋舌的，使用周匝的系带，穿过缝在后帮上的皮质提带，而不是用前帮上的鞋眼。

1920 年代，受温莎公爵（Duke of Windsor）在服装裁剪方面的实验影响，规定绅士服饰的严苛礼仪规范开始失效，布洛克鞋获得了些许的时尚刺激。曾经作为猎场看守人和渔猎向导防护用品的布洛克鞋，皇室成员在高尔夫球场也穿着它了。棕褐色鞋也取代了正统的黑色鞋堂而皇之地进入城市，1937 年，英国公司约翰·洛布（John Lobb）生产了有外包头的半布洛克鞋。这个新款鞋有布洛克鞋经典的镂孔和鞋外包头处的锯齿形边，成为城镇中非正式场合穿着的牛津鞋与布洛克鞋的"混血"。皮革的处理也有了改善，即便是崭新的鞋，也能达到传统布洛克鞋陈旧的光泽效果。布洛克式的细节也成为女士鞋靴设计的一部分，沿边缘及横跨鞋包头采用镂孔帮面翼片。添加了鞋跟，到 1970 年代，作为流行但可以替代高台底鞋的明智做法，鞋跟达到普遍流行的高度。

很多人把伦敦梅费尔区的守旧派坚守者之一特里克斯（Trickers），还有约翰·洛布（创立于 1885 年）和爱德华·格林（Edward Green，1890 年）看作是最好的布洛克鞋供货商。在美国，布洛克鞋的品牌名称包括约翰斯顿—墨菲（Johnston & Murphy，1850 年）和富乐绅（1892年），他们的布洛克鞋采用科尔多瓦马臀皮制作，这是取自马的后部四分之一处的皮革，以其强度和耐久性而闻名。最近，就像富乐绅有男鞋设计师达克·布朗（Duckie Brown），特里克斯与先锋品牌川久保玲（Comme des Garcons）的渡边淳弥（Junya Watanabe）合作生产了一系列现代布洛克鞋，采用诸如水晶蓝、灰白、肉红色等非常规色彩以及长翼形镂孔。系带的鞋封口处是有五个鞋眼的前帮，拷边修饰的沿口条，镂孔细节修饰的侧面，以及堆垛方式着色木质效果低矮块状跟，整体结构采用小牛皮及皮质鞋底。

下图：

软底布洛克鞋

2010 年春夏季，普拉达发布了一款布洛克帮面和小山羊皮软底男鞋的"混血"，两种经典男鞋奇妙的混成体。

顺时针自左上图：

高跟布洛克鞋

2000 年代，布洛克鞋已发展成高跟形式。

布洛克踝靴

艾克妮把传统布洛克鞋的装饰细节延伸到踝靴上。

彩色整体外底布洛克鞋

F 剧团的原色鞋底成了焦点。

流线型布洛克鞋

维维恩·韦斯特伍德拉长鞋包头，形成流线型外形。

2009 年，英国公司格朗松（Grenson）与奥利维娅·莫里斯（Olivia Morris）合作为包括"伊莉莎（Eliza）"在内的女性创作了一系列有固特异（Goodyear）沿口条的布洛克鞋，鞋外包头镂孔的半布洛克鞋，为配合女性脚形的比例，鞋型较为瘦削。米克·霍伊尔（Mick Hoyle）设计的 F 剧团（F-Troupe）布洛克鞋是这一传统鞋采用宝石色调颜色的当代演绎，与 21 世纪的很多布洛克鞋设计一样，重点在于即时的舒适性，而不是让穿鞋人不得不经历传统情况的"磨合"过程——适合伴随运动鞋长大的一代。通过使用又轻又小的鞋底把布洛克鞋转变成夏季鞋而不是秋冬季鞋，丘奇斯（Church's）和卢德维琪—洛奇尔（Ludwych & Lodger）这样的生产商已位居榜首。立足于苏豪区（Soho）的裁剪师波基塔（Pokit）的巴约德·奥杜侯（Bayode Oduwole）将布洛克鞋描述为"神话传说的东西。它朴实无华又充满魅力，是恶棍、小混混、浪荡公子和安逸的绅士的鞋靴之选。它有着浪漫的盖茨比形象。"

啪嗒底鞋（SLAP SOLE）

啪嗒底鞋是开始于 1630 年代的时尚，持续到 17 世纪末。这种鞋起源于绅士们穿高跟马靴的习惯，在马背上主要体现为实用性，因为可以把脚安全地蹬住马镫，但下了马问题就来了，因为高跟容易陷进松软的土地中。一脚蹬的鞋演变为平底潮拖的过程形成了，这些最初的套鞋发展为独立的鞋——啪嗒底鞋。

我希望穿这些鞋的女性能感觉自己被抬高了……

——Bata 鞋博物馆播客

下图：

啪嗒底鞋原型

　　17 世纪带合页的啪嗒底鞋，怪异的结构形状源自套鞋。

这种独特的鞋的高跟上连接着瘦长带合页的鞋底，可以从脚的拇趾球处向后延伸到脚跟本身的位置。鞋跟处的鞋底保持活动自如，所以走路时它拍打在地面上就像人字拖那样噼里啪啦地响。啪嗒底鞋产生的独特声音直接作为命名，这也成为穿着者站在时尚巅峰的听觉证据。当女士们把这种鞋当作时髦的室内日间鞋时，原本防止鞋跟进入淤泥中的作用就多余了，啪嗒声显得越发重要，因为鞋在长裙下是看不见的。鞋底和鞋跟最终还是牢固地固定在一起，啪嗒底鞋和后空式拖鞋的"混血"呈现出不同寻常的结构形状，用丝绸制作，用珠串和刺绣修饰。

大家可能会认为这么怪异的鞋型早该消逝在时间长河中，而 1938 年，意大利鞋靴设计师萨尔瓦托雷·菲拉格慕用通长的木质平底制作了现代款式的鞋，用合页连接着木质鞋跟和软木厚底。这款实验性的后襻式鞋采用黑色天鹅绒帮面，用包裹鞋跟的同样银色

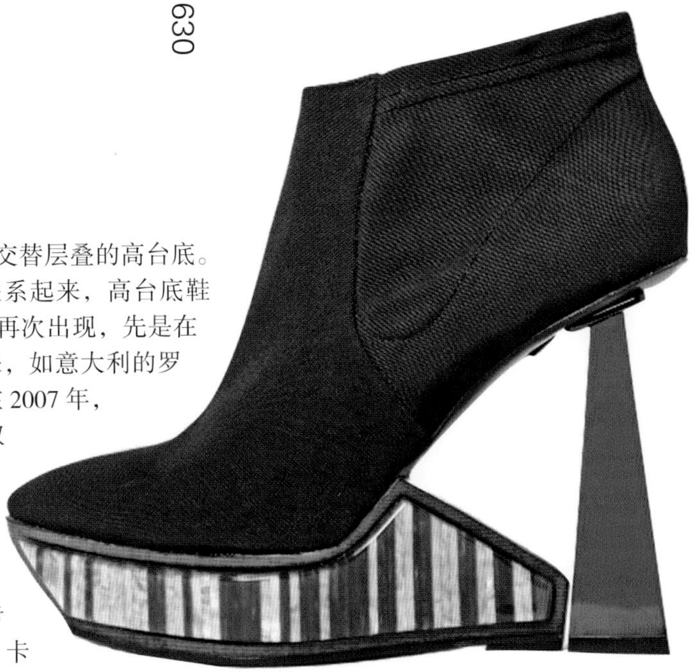

皮革包沿口条，银色和金色皮革交替层叠的高台底。这个造型同"附庸风雅"的鞋联系起来，高台底鞋风头正劲时，它以一种装饰手法再次出现，先是在1970年代一些制造商中体现出来，如意大利的罗梅亚（Romea），还有更近的是在2007年，马克·雅各布斯展示他的第一双"开孔（cut-out）"楔跟鞋。这种新版的啪嗒底鞋有个很大的高台底，鞋跟通过在结合处留有空隙或开口的鞋底固定。其他品牌跟风而上，2007年有伊尔·桑德尔（Jil Sander）和唐娜·卡兰（Donna Karan），这个款型在2011年有史以来首次成为主流，包括朱塞佩·扎诺蒂（Giuseppe Zanotti）设计的一些最极端的设计案例。

楔跟鞋达到时尚的高度，开孔款式的楔跟鞋是塑造独特造型的一种方式，因为开孔的形状在提供更高高度的同时，让鞋更轻便。开孔可以用于鞋、踝靴、人字拖，甚至运动鞋，形状从常见的弧形、有尖角的三角形到星形、花形等更常见的形。并非鞋帮面是设计师创作的唯一天地，鞋的所有功能性表面都有可塑性，产生了很多最富魅力的造型。

啪嗒底鞋的起伏，继之又兴盛说明在当代鞋靴设计上，什么都是可能的。最能令人激动的鞋靴创作者认识到，向后看可以激发向前一步的创新。乔安妮·斯托克（Joanne Stoker）就是个很好的例子，她2011年的"竹"鞋是古风鞋的当代诠释。如她所说："永远不要忘记过去这些永恒的工艺品，而创作新作品时始终要放眼未来。"

上图：
"竹"鞋
乔安妮·斯托克在2011年秋冬季"帝国州"合集中发布了一个新款啪嗒底鞋。

牛津鞋（OXFORD）

我现在有一双鞋，在过去一百年里在任何男人衣柜都位居第二明智之选，只有牛津鞋超过了它。

——保罗·麦克尼斯（Paul MacInnes）在《卫报》中谈及他的布洛克鞋，2008 年 6 月

牛津鞋是一款经典的鞋，穿过三四对鞋眼在正面系紧，有鞋舌保护脚免受鞋带的挤压。有弧形侧缝和低矮的堆垛跟，形成理想的实用型散步鞋。牛津鞋的关键特征在于系紧鞋带的方式是要把鞋带依次穿过缝合在前帮下面的鞋眼衬片。

直到 17 世纪初，大多数鞋还是用襻带或鞋扣系紧，但是在 1640 年，出现一款定制鞋或半长筒靴的新式样，正面系鞋带、方形鞋包头加高跟，牛津大学的学生采纳了这个舒服的款式代替沉重的长筒军靴。该款鞋有一只高的鞋舌，可以保护穿着者免受未经铺砌的路面上泥土的飞溅。此款迅速传播开，位于伯明翰（Birmingham）的鞋扣厂估计有两万名工人，尽管向国王请求禁止系带鞋，还是受到重创。托马斯·杰斐逊（Thomas Jefferson）总统不顾纨绔子弟形象的指责，成为穿着牛津鞋的首位美国人之一，到 19 世纪末，在城市取代靴子成为鞋履首选。这个款型稳重、利落，适合最希望避免自己的形象给人粗俗印象的新兴中产阶级工商业者。对于要花时间挣钱来支撑体面的家庭的男人来说，虚荣是可耻的，服饰上的轻浮是女人的舞台，她们在相互的关系中扮演装饰性角色。

1910 年以前，手工牛津鞋是男子汉品位的顶峰，成功的制造商有北安普敦郡的凯特林的洛奇（Loake of Kettering），1880 年由托马斯、约翰和威廉·洛奇兄弟几个创建的企业，还有北安普顿的丘奇斯，这两家至今仍在营业。洛奇和丘奇斯在 19 世纪获得认可，缘于他们采用的固特异沿条结构（Goodyear welted construction），

上图：

城市鞋

到 19 世纪末，牛津鞋已成为城市男性青睐的鞋。

左页图：

时装表演台牛津鞋（2011 年春夏季）

王大仁（Alexander Wang）出品的前卫后襟式牛津鞋，夸张的鞋带和极端的鞋跟。

这种复杂的方法是在把帮面和底在鞋底处黏结起来之前，先把它们缝合在沿条或手工裁切的皮条上。这与传统工艺不同，传统工艺是把鞋底和帮面直接缝合起来，如果需要修理，可以很方便地把鞋底拆下来。

要穿贵的鞋，别人会注意到。

——企业家布赖恩·科斯洛（Brian Koslow）

成立于巴黎的意大利鞋店贝卢蒂（Berluti）也采用这个方法，这家鞋店以其精致的手工男鞋而著名，包括流线型有鞋包头的经典牛津鞋。鞋帮面由整块皮制成，有三个鞋眼，没有明显的线缝，温莎公爵在 1920 年代就穿着它。引领潮流的公爵也最先炫耀了棕褐色小山羊皮或"绒面小牛皮"牛津鞋，穿着它们搭配深蓝色套装引起了轰动。当一位绅士对这种时尚错乱表达惊奇时，公爵的一位朋友反驳道："如果这么穿不对，那是有问题。而他见闻广博，所以，没问题。"到 1950 年代，牛津鞋成为经典，是小男孩们要穿的第一选择，1955 年，专以男孩鞋靴为主的财富（Fortune）制鞋公司在广告中称牛津鞋为"上学和做礼拜最理想的鞋"，并向潜在的顾客宣传，这种鞋"生来就是为满足童子军组织的最严格标准。"正如2011 年男性杂志《绅士季刊》所说，"这些鞋就是为那些喜欢事物一成不变的伙计准备的，如果已经很完美了，还需要改变吗？"

20 世纪早期，女鞋发生了革命性的变化。女性从家庭和油盐酱醋的束缚中解脱出来，不再只是围着家庭琐事转，她们需要舒适而优雅的步行鞋。要去逛巴黎香榭大道的新百货商店或是浏览梅西百货（Macys）的橱窗，甚或欣赏剧院的日场演出，牛津鞋都是很完美的鞋。

到 1920 年 代，牛津鞋是女性街头鞋最流行的款式。女性时装缩短的裙长让焦点放在脚上。鞋跟也开始升高，

下图：

靓彩

伊尔·桑德尔用荧光黄色鞋底给她的极简主义皮质牛津鞋增添了视觉趣味。

直到有高古巴式鞋跟的低帮牛津鞋满足了日间出行和夜间聚会的需要。鞋上保留了为数不多的传统男子气质特征的参考，比如围成一圈的鞋带和鞋包头，但也增加了其他特征，如翼形包头，得名缘于和鸟的翅膀很相像，还有拷花。牛津马鞍鞋（Saddle Oxford）带有马鞍形构件缝合在前帮的上四分之一处，颜色与鞋的其他部分成对比色。1925 ~ 1927年，牛津鞋上挨着鞋眼处出现凿花孔，鞋包头也加长。这一新款式命名为半牛津鞋。

　　1930 年代，女式牛津鞋的鞋包头回归为更圆润的造型，以配合重新加入时装中的女性曲线，并获得了运动感，喜欢这种鞋的明星是凯瑟琳·赫本（Katherine Hepburn），在好莱坞她以运动技能而著名。记者描述这位女演员在 1940 年 "为系牛津鞋的鞋带向后倾斜椅子。这种散步鞋嵌有鞋钉，搭配浅黄绿色调的宽松长裤，浅黄褐色宽松运动外套和做工精良的白色丝质衬衫，突出了她在服饰上对实用性的选择。"

　　2000 年代，惹人眼目的牛津鞋吸引了很多喜欢改变它蛰伏状态的设计师。王大仁在 2011 年用质地较粗的亚光皮革创作了方向性堆垛跟镂孔款牛津鞋（参见第 90 页），同年，在大色块的时尚情节已然主导时装表演台的背景下，瑞格—博恩（Rag & Bone）发布了一双亮红色小山羊皮极简主义的牛津鞋。2000 年代的经济衰退刺激了对实用性鞋的需求，制造商表现出清晰的商业头脑，从而复兴了工作型鞋靴。

上图：

优雅的线条

　　维维恩·韦斯特伍德 2012 年的牛津鞋拉长了鞋包头，与 1920 年代的造型产生共鸣。

路易斯跟（LOUIS HEEL）

我的鞋特供给明察秋毫的脚。

——马诺洛·布拉赫尼克

路易斯跟是最早的鞋跟款型之一，最初由尼古拉斯·来塔热（Nicholas Lestage）在1660年发明。鞋跟由身材颇为矮小的法国国王路易十四（"太阳王"）推广，以他5英尺3英寸（约1.6米——译者注）的身高，希望在凡尔赛宫廷提升他的身高和形象。鞋跟高度意义重大，改变了身高的贵族，表现出闲适的生活状态，从而显示了社会地位。在太阳王的法国宫廷，服饰在展现君主政体的绝对神授权利与权力方面，扮演着重要角色：它将富人和穷人区分开来。这种对于宫廷气派奢华的热衷持续到穿着路易斯跟的路易十五统治时期。路易斯跟用木材造型，呈凹形曲线并在鞋跟基部向外张开，这样，它形象上很优雅，走起路来也相对稳定。这个早期的高跟形式是鞋跟高于鞋包头的首例之一，而不是像巴顿木屐或高软木底鞋（参见第63页）那样抬高的高台底。整个18世纪，女鞋都有着各种粗细和高度的路易斯跟，高达4英寸。

路易最宠幸的情人蓬帕杜尔侯爵夫人使一款更高、更完美的路易斯跟流行开来，遂被称为蓬帕杜尔跟，穿时搭配长礼服，与长礼服紧身贴合的胸衣，用撑裙或撑箍每边侧向展开，因带撑条的紧身衣裙而更显僵直。昂贵材料成为惯例，凸起的花纹装饰、锦缎以及遍用金线而闪耀着光辉。国王最爱的、有着优雅束腰的蓬帕杜尔鞋跟的纤细鞋子与前帮正面大尺度锦缎蝴蝶结或珠宝装饰的鞋扣相映成趣。

受法国大革命影响，鞋的款型上有了变化，而且，由于玛丽·安托瓦妮特走向断头台时肆无忌惮地穿着高跟鞋，它们成为和贵族的颓废相联系的事物，与现代共和时期格格不入。这样，整个19世纪上半叶，平底拖鞋坚守在女性时尚领域。1854年，琼—路易斯·弗朗索

上图：

魅惑的鞋

18世纪，蓬帕杜尔侯爵夫人采用了更高、更纤细款式的路易斯跟。

左页图：

古董级路易斯跟

1920年代，路易斯跟列入晚宴鞋之选，为时髦大胆的年轻女子所穿着。

上图：

"乌鸦"路易斯跟鞋

卡罗琳·格罗夫斯（Caroline Groves）创作的这双绣花路易斯跟鞋，其背后的灵感来自特德·休斯（Ted Hughes）的诗"腐尸王（King of Carrion）"。

瓦·皮内特（Jean-Louis Francois Pinet）申请了皮内特鞋跟的专利，这是一款精美轻快的路易斯跟，与此鞋跟相联系的是镂孔皮革和满是精美复杂金色绣花的手绘丝绸靴。穿着此鞋的是巴黎女性中有钱的老主顾，她们经常出入于法国欧仁妮（Eugenie）皇后的女服设计师查理·弗雷德里克·沃思（Charles Frederick Worth）工作坊。客户中还包括新一代的凡尔赛高级妓女，"美好年代"——第一次世界大战大杀戮之前颓废时期（1890～1900年）的"大交际花（grandes horizontales）"。她们是既成事实的"色情女皇"，包括拉贝勒·奥特罗（La Belle Otero）、利安妮·德普吉（Lianne de Pougy），以及因床上天赋而获得合理报酬、积累了巨额财富的埃米利安妮·达朗松（Emilienne d'Alencon）。皮内特鞋跟和路易斯跟传达着18世纪所有的色诱内涵。

18世纪，当路易斯跟与正面超大尺寸饰扣相结合时，获得了从未有过的强烈共鸣，尤其彼得罗·扬托尼为他享有盛名的客户在精致的手工路易斯跟鞋上采用18世纪的瓦朗谢讷花边（Valenciennes lace）、金线工艺和钻石饰扣，他的客户群中包括已离婚的百万富婆丽塔·德阿科斯塔·莉迪格（Rita de Acosta Lydig）。她的鞋延续着可上溯至扬托尼古董小提琴用材起源的木质鞋世系谱，保存在定制的内附奶油色天鹅绒的俄罗斯皮箱中。那时，路易斯跟成为性感的鞋跟造型，尤其是1889年它成为红磨坊舞厅（Moulin Rouge）的康康舞者（can-can dancer）选用的鞋跟之后。

1900 年代，娇小漂亮的女性双足仍受到赞许，路易斯跟也达到流行的顶峰，因为从正面看时，它有个附加的效果就是视觉上使脚显得短小。1920 年代中期，古巴式鞋跟开始占据日间鞋，路易斯跟走向夜晚，因为它的造型用于晚宴鞋，因而变得更高、锥度更大，直到被高台底鞋和楔跟鞋取代。它再一次现身是 1950 年代出自鞋靴设计师罗杰·维维亚之手，他懂得路易斯跟魅惑奢华的前身。他的低路易斯跟是匕首跟和路易斯跟的"混血"，1950 年代，女装设计师克里斯汀·迪奥（Christian Dior）设计时，安装在最能卖弄风情的串珠饰鞋上。1962 年，维维亚把低路易斯跟安装在缀满珠宝的天鹅绒前帮面、后空式晚宴便鞋上，引来杂志《震旦报》（L'Aurore）的报道："维维亚的晚宴鞋是金匠，而非鞋匠的杰作。它们最适合女皇和影星。"

　　路易斯跟再没能恢复它在 20 世纪早期的名气，只在 1980 年代末期，经过克里斯安·拉克鲁瓦、马诺洛·布拉赫尼克、埃玛·霍普（Emma Hope）、威尼斯的勒内·曹维拉（Rene Caovilla），还有美国鞋履设计师斯图尔特·韦茨曼的努力，有过一次短暂的复兴，斯图尔特·韦茨曼创作了包括路易斯跟的怀旧风格，爱德华七世时代（Edwardian）风格的踝靴。1990 年代早期，加拿大人约翰·弗沃科设计了前卫的八字造型的鞋跟，称为"吉尼奥尔（Guignol）"，克里斯蒂安·卢布坦在他的职业生涯中，一直采用路易斯跟，如同他之前的维维亚，都深悉这款鞋跟风情万种的内涵。

　　路易斯跟的美在于它极其符合人体工效学，鞋跟位于人体脚后跟的正下方，提供的重量平衡和均匀分布能够保持背部和腿部的线性对齐。经过十年笨手笨脚的鞋跟之后，路易斯跟很可能东山再起。

下图从左至右：

维维亚为迪奥的设计（1957 年）

　　采用粉色和黑色锦缎丝绸的奢华路易斯跟鞋。

维维亚为迪奥的设计（1957 年）

　　表现出 18 世纪原型的鞋，采用深黄色真丝绸缎制作。

伊夫·圣·洛朗（1992 年）

　　一款放大的路易斯跟鞋，采用有浮雕效果的波尔多酒红色天鹅绒丝绸。

克里斯汀·迪奥（1965 年）

　　白色真丝绸缎的路易斯跟鞋，采用丝网、小金属亮片和饰珠装饰。

克里斯汀·迪奥（1964 年）

　　黑色加米黄色广东绉纱丝绸船鞋，饰珠和小金属亮片装饰细节。

罗西摩达（Rossimoda，1996 年）

　　洛可可风格启发的粉色真丝绸缎鞋，饰以玻璃珠、小金属亮片和刺绣。

芭蕾平底鞋
（BALLET FLAT）

> 也许（芭蕾平底鞋）正在抢夺去年人字拖的客户。
>
> ——九西集团（Nine West Group）理查德·奥利奇尔（Richard Olicher）

芭蕾平底鞋是一款硬质鞋底的鞋，源自跳古典芭蕾舞时穿的室内便鞋。芭蕾舞演员需要有最细腻敏锐的鞋底的鞋，才能感受到地板以及把脚弓成弓形。不像其他鞋靴，这种鞋不分左右脚，它们是以个人双脚的轮廓为模子进行设计的。

早期芭蕾舞中，女性舞者受限于沉重的头饰和用鞋扣扣紧的鞋，不能像男性那样穿着紧身衣随意跳来跳去，但是到了18世纪，女性开始成为主角，她们的鞋也必须有所改变。到19世纪，浪漫主义运动的拜伦风格艺术家和诗人要求他们的女缪斯轻灵飘忽，芭蕾舞开始大量描述水泽女仙、仙女和天鹅仙子，一些超自然的、不拘泥于尘世的女性人物。这样，"踮起脚尖跳舞（en pointe）"的形式开始流行，这是芭蕾舞的高级形式，舞蹈演员真的要用他们的脚尖移动。据说玛丽·塔廖尼（Marie Taglioni）是1832年第一位完全用脚尖跳完整部芭蕾舞剧《仙女》（La Sylphide）的芭蕾舞女演员，穿着缎子芭蕾舞鞋，皮底为提供支撑织补在侧面，而不是足尖。

由于舞者努力表达出对抗重力的视觉效果，更多专业的足尖站立鞋应运而生，帮助支持他们活动，鞋的肉粉色有助于形成连续、完美的身体线条的视觉。鞋子用多层粗麻布和帆布制成，用胶增加硬度，再包覆一层绸缎。舞鞋底部用胶和鞋钉把由三层鞋底或皮质钩心和硬

上图：

芭蕾舞演员玛丽·塔廖尼（1832年）

第一位完全用足尖站立姿势跳芭蕾的演员，穿着在侧面织补的芭蕾舞鞋以提供支撑。

左页图：

奥黛丽·赫本（1957年）

她同《甜姐儿》（Funny Face, 1957年）导演斯坦利·多宁（Stanley Donen）很有名的争吵，认为平底鞋会让她的脚在屏幕上看起来太大。

上图：

菲拉格慕与赫本

萨尔瓦托雷·菲拉格慕有每一位名人客户的木质鞋楦。这里，奥黛丽的模型同她的芭蕾平底鞋一同展示出来。

纸板夹在一起组成坚硬的脊。鞋底设计得比脚底短且窄，止于跖趾关节处，解放了部分足弓。足尖站立的芭蕾舞鞋末端有个盖羊毛垫衬的木块，能够让跳舞者以脚尖旋转，来表达更加轻盈的效果，在鞋包头的顶端，有阿拉伯式藤蔓花纹。

最著名的芭蕾舞鞋供货商是萨尔瓦托雷·卡佩扎奥（Salvatore Capezio），一个土生土长的意大利人，1880年代移民美国。他当上鞋匠并在纽约百老汇和第39街开了店。店铺就在大都会歌剧院（Metropolitan Opera House）正对面，他发现自己修了很多剧场用鞋，包括芭蕾舞鞋。自认为可以改善鞋的构造，卡佩扎奥便开始自己制作。他的鞋做得太漂亮了，1910年，首席芭蕾舞演员安娜·帕夫洛娃（Anna Pavlova）把它们抢购一空，最后为她团队的每一位成员都买了几双。

伦敦弗里德有限公司（Freed of London Ltd）成立于1929年，持续发展到成为世界上最大的芭蕾舞鞋经销商，每天为那些苛求的芭蕾舞演员制作近千双，众所周知，她们每星期会穿破5双鞋。雅各布·布洛克（Jacob Bloch）是另一个杰出的名字，1932年开始手工制芭蕾舞鞋，还有著名的雷佩托（Repetto）公司于1947年开始运作。罗萨·雷佩托（Rosa Repetto）夫人应儿子，即舞蹈家和舞蹈编导罗兰·珀蒂（Roland Petit）的请求，力求设计更舒适的芭蕾舞鞋。她提出一种新的构造方法，创新的"缝合翻面（stitch and return）"技术，是把鞋在鞋底的下面缝合，然后再把里面翻成外面。这样，在鞋底和帮面之间几乎看不到缝合处，达到更大限度的舒适，据说脚感差不多就像没穿鞋。鲁道夫·努日耶夫在他所有职业生涯中都穿雷佩托鞋，只有一双是穿破了的甘巴（Gamba）鞋，1996年在克里斯蒂拍卖行（Christie's）以18619美元卖出。

也许对芭蕾舞鞋的嘲弄来自背后——多年的疼痛和长满老茧的双脚。然而，只要脚处于自然姿势，舞鞋就会变得异乎寻常地实用。美国设计师克莱尔·麦卡德尔（Claire McCardell）是首先意识到芭蕾舞鞋具有时尚吸引力的人之一，那时她在1941年作品选集中选用了卡佩泽奥平底鞋，并要求制作商增加硬质的鞋底。当洛德—泰勒（Lord & Taylor）百货商店开始展卖基于舞鞋设计样式的日间服饰用鞋时，芭蕾舞鞋就成了芭蕾平底鞋，从舞鞋转型为时尚鞋履。

1950 年代，避世派穿着芭蕾舞鞋时，它第一次作为青少年叛逆的反主流文化的鞋出现。受到存在主义哲学家让·保罗·萨特（Jean Paul Sartre）和作家杰克·克鲁亚克（Jack Kerouac）的避世派散文激发的年轻人找到了用衣着表达的新方式，象征他们在成年人世界里所缺乏的理解，一种在艾伦·金斯伯格（Allen Ginsberg）1955年产生重大影响的诗《咆哮》（Howl）中激烈表达的情感。1950 年代时尚的淳朴装饰和干净整洁让位给随意悠闲的波西米亚（Bohemian）风格；最为值得注意的是，他们是第一拨穿牛仔裤的青年人。芭蕾舞鞋是放荡不羁的避世派女性的鞋履之选，在影星碧姬·芭杜身上找到了文化表达，最初的男女平等主义作家西蒙娜·德波伏瓦（Simone de Beauvoir）称其为"战后法国思想解放女性的最完美实例"。芭杜学习舞蹈，对雷佩托的声望也有所耳闻；获得罗杰·瓦迪姆（Roger Vadim）的导演处女作《上帝创造女人》（And God Created Women，1956 年）中角色——自由奔放的朱丽叶（Juliet）的时候，她请公司为她设计了专门改款的芭蕾舞鞋，有耐磨的鞋底，可以日常在户外穿。芭杜在银幕内外都穿着做出来的"灰姑娘"红色皮质芭蕾平底鞋，来配卡布里紧身长裤（Capri）和条纹布列塔尼（Breton）上衣，看起来就是圣特罗佩阳光普照的海滨最典型的装束。雷佩托不再是利基舞蹈服饰品牌，发展成受千万年轻女性瞩目的主流时尚。芭蕾平底鞋保留了芭蕾舞鞋原型的几个特点，比如绕舞鞋低平鞋口绑束的缎带，还有在鞋帮前部束紧的形态。芭蕾舞演员用来调整鞋合脚的收束细绳变成没有实际作用的装饰性花结，直到今天都是平底鞋的视觉焦点。

好莱坞的标志奥黛丽·赫本在 1957 年电影《甜姐儿》中饰演一位避世派变身为顶级模特，芭蕾平底鞋的明星代言仍在继续。赫本对于她的屏幕服装没把握，在一幕重要场景之前向导演斯坦利·多宁抱怨平底鞋配白袜子会把观众注意力吸引到她的大脚上。他坚持了，解释说在左岸（Left Bank）爵士俱乐部背景的关键歌舞系列场景中，袜子会让摄影机对焦到她脚部的运动。她屈服了，电影公映后奥黛丽送去一张道歉纸条："袜子的事，你是对的。爱你的奥黛丽。"屏幕外，奥黛丽的平底鞋由卡佩扎奥和萨尔瓦托雷·菲拉格慕制作，他们的品牌从

下图：

穿平底鞋的性感女人

碧姬·芭杜银屏内外都穿着雷佩托制作的有耐久鞋底的"灰姑娘"平底鞋。

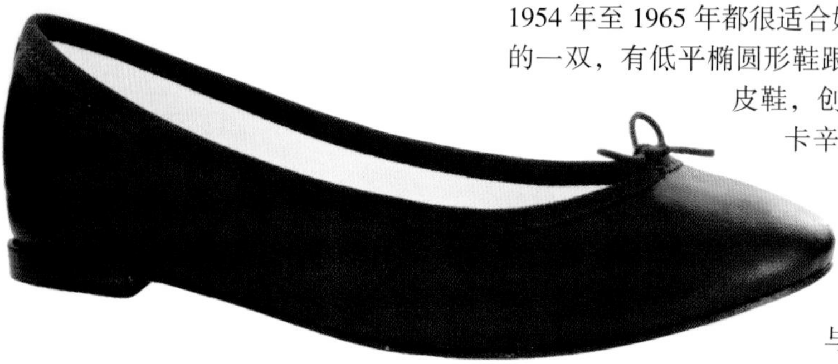

1954年至1965年都很适合她。菲拉格慕制作了她最喜欢的一双，有低平椭圆形鞋跟和带围条鞋底的黑色小山羊皮鞋，创意灵感来自美洲原住民的莫卡辛鞋。脆弱的芭蕾舞鞋现在更耐穿了。

这十年的末尾，芭蕾平底鞋似乎预言了青年对接踵而至的时尚的入侵；与这种年轻的鞋比起来，潮拖和高跟鞋似乎是老旧、粗俗、过时的。而具有讽刺意味的是，1960年代即宣告芭蕾平底鞋的终结；它女性化的柔软不适合通俗艺术启发下的时尚和现代街头时尚华而不实的花哨款式。其他样式的平底鞋占了上风，比如香客船鞋（参见第238页）此类剪裁更加讲究的样式，对青少年来说，有跗面扣带式女鞋（参见第132页），是能满足有玛丽·匡特（Mary Quant）、约翰·贝茨（John Bates）和安德烈·库雷热（Andre Courreges）的平面设计的青春朝气内涵的必备款式。

1980年代后期，在戴安娜的帮助下——威尔士王妃穿着它们频繁出镜，芭蕾平底鞋又复活了。鞋靴设计师佛朗哥·菲耶拉莫斯卡（Franco Fieramosca）于1991年启动了自己的产品线，很清晰地表现出受她的影响，他说，"浅桃红色小山羊皮的芭蕾舞鞋优雅而有淑女气质。我设计芭蕾舞鞋时，受到戴安娜女士正进入飞机的图片的启发。她穿着紧身华达呢裤和颜色鲜明的运动上衣，你可能会觉得男子气质的鞋应该比较合适这样的装束，可她的芭蕾舞鞋显得那么出色！"戴安娜芭蕾舞平底鞋的优雅路线出自她所喜爱的品牌芭蕾秀（French Sole），是大多数1990年代时尚的极简主义路线的对立物，也适

上图：

经典的芭蕾平底鞋

雷佩托自1947年就一直生产芭蕾平底鞋。如今，它们俨然成了鞋中经典。

合穿着随意、受"油渍摇滚乐"启发（grunge-inspired）的形象，在西雅图油渍摇滚（grunge rock）风格和凯特·莫斯为 CK1 的广告中的粗野氛围都能见到。

芭蕾秀是始于 1989 年的全球品牌，是由设计师简·温克沃斯（Jane Winkworth）创建的概念邮购公司，只销售芭蕾式样鞋履。戴安娜王妃赞助后，品牌取得成功，于 1991 年在伦敦富勒姆（Fulham）开设第一家店。风格是这家公司最重要的词汇，它以超过 500 种颜色、材质和款式的不同组合生产芭蕾平底鞋。它们保持了原型芭蕾舞鞋的形象，但拥有更实用的耐磨鞋底，鞋帮面从最畅销的豹纹马驹皮到青铜色编织皮革，帮面按照穿着者的脚来塑形，就像首席芭蕾舞演员的舞鞋那样，凯特·莫斯、麦当娜和西恩纳·米勒都穿过其中的"低帮"和"亨丽埃塔（Henrietta）"风格。2000 年代，芭蕾平底鞋已经成为城市经典，包括朗万、托里·伯奇、缪缪、克洛艾、J. Crew、马克·雅各布斯和漂亮芭蕾鞋（Pretty Ballerinas）等大多数品牌都发布过自己的款型。1999 年，锐步（Reebok）的前领导人琼—马克·戈谢（Jean-Marc Gaucher）收购了雷佩托，他采用包括卡尔·拉格费尔德、高田贤三（Kenzo）和川久保玲等一系列设计师针对时装表演台的协作，让这个经典的舞蹈服装品牌重焕光彩。

2009 年，经典的芭蕾舞鞋而不是芭蕾平底鞋穿在歌手艾米·怀恩豪斯（Amy Winehouse）的脚下，又出现在时尚意识中。她的鞋由甘多尔菲（Gandolfi）出品，一家在伦敦马里波恩路（Marylebone）开店的舞蹈服装企业，20 世纪初期便以生产手工芭蕾舞鞋而存在的品牌。怀恩豪斯的芭蕾舞鞋非常离奇，浅粉红色的天真无邪和优雅形象与歌手的自我毁灭完全不搭界。到 2010 年代，芭蕾平底鞋在高跟鞋海洋中脱颖而出，作为禁得住时间考验的经典鞋靴实例，努力地从舞台走向街市。

下图从左至右：

肉色平底鞋

维维恩·韦斯特伍德赋予平底鞋肉色包边，带有精妙的肉色色调和装饰性细节。

黑色小山羊皮平底鞋

Larin 出品的风趣的芭蕾平底鞋，正面有亮红色装饰绒球。

黑白色平底鞋

夏奈尔出品的潇洒的城市平底鞋，反差很大的黑白色皮革。

堆垛平底鞋

艾克妮拒绝传统的轻巧感，增加了橡胶平底板和鞋跟。

什锦水果平底鞋

夏洛特·奥林匹亚（Charlotte Olympia）用水果装饰细节赋予平底鞋清新之感。

色块平底鞋

皮埃尔·哈迪用亮蓝色和绿玉色小山羊皮制作精美至极的芭蕾平底鞋。

鞋套（SPATS）

上图：

正式的鞋套

弗雷德·阿斯泰尔（Fred Astaire）为电影《碧云天》（*Blue Skies*）身着高顶礼帽、燕尾服和鞋套，"装扮高雅"。

鞋套，也称鞋罩，源自"防泥绑腿"，是脚和脚踝的一种防护性遮罩，最初为 18 世纪士兵和农夫保护靴子和腿部免受污泥之用。防泥绑腿用硬挺的布做成，鞋下面有带扣或松紧带从侧边收紧。到 19 世纪，最强的功能性演变为鞋罩；最强的装饰性成为鞋套，而且，黑色鞋上白色鞋套整洁利落的效果使这种脚上穿的装备具有仪仗队和军队军礼服的特征。

> **你穿着鞋套刮脸？**
> **我穿着鞋套睡觉。**
>
> ——电影《热情似火》（*Some Like it Hot*）中马利根（Mulligan）警官与鞋套科伦博（Spats Columbo）
> 的对话，1959 年

19 世纪早期，男性鞋罩的广泛使用促进了仿鞋罩效果的鞋罩靴（gaiter boot）的出现。侧边系带的鞋罩有织物和皮质面料，使用非常普遍，必须在靴子和它的原型之间做出区别，防护性的套鞋简单地改名为套鞋罩。从 1830 年代，女性开始穿鞋罩，使用的布料设计得与她们服装的颜色十分相配。但随后，正面系带和有鞋扣的靴子流行起来，鞋罩靴的影响逐渐小了。

20 世纪早期，一系列工厂法（Factory Acts）规定雇主有责任保护劳动力，鞋罩或鞋套再次变得受欢迎，为健康和安全考虑，采用它们作为最早的鞋履形式之一。骑自行车的女性也穿戴系紧到膝盖的鞋罩，因为它们是专业的、昂贵的正面系带骑行靴更便宜的替代品，那种骑行靴鞋底有沟槽，可以避免脚在踏板上打滑。鞋罩裹住骑行灯笼裤下不该露出的小腿，遮住灯笼裤和靴子间缝隙的时候，人们称它裹腿。

更具装饰性的鞋套不再流行，尽力表现得很时髦的男子当作怪模怪样的鞋履穿着，而形成新形象，比真鞋套更精致。黑脸歌舞秀就是典型例子之一，这是 19 世纪的一种娱乐形式，由白人扮成"黑人"嘲弄白人所认为的美国黑人文化。大体的模式就是美国黑人穿着炫耀的服饰，有燕尾服、高顶礼帽、手杖和鞋套。不适宜的着装用来说明他无力担负自由人的责任；在比利·怀尔德（Billy Wilder）1959 年执导的电影《热情似火》（*Some Like It Hot*）中，穿着鞋套的芝加哥匪徒，头号通缉犯之一、绰号为"鞋套科伦博"的人在整部电影始终，一直穿着高级服饰。

如今，对于希望给时尚写真或流行视频塑造绅士"优雅"形象的造型师，鞋套已经成了保险措施，最著名的就是迈克尔·杰克逊（Michael Jackson）在"犯罪高手（Smooth Criminal）"宣传片中炫耀的形象，由于大明星的知名度把鞋套重塑为都市流行趋势，而不是仅适合复古主题婚礼的刻板形象，实现讽刺性的大逆转。已经有人在女性鞋靴中用鞋套代替暖腿套，尝试把鞋套带回时尚之路，从创建于意大利维琴察（Vicenza）的鞋套工厂（The Spats Factory）可以买到斑马纹和豹纹鞋套。

下图：

匕首跟鞋套

1950 年代，约翰·柯比（John Kirby）设计了一双豹纹女式鞋套，为保暖，中间絮有棉花衬里。

鞋套 **105**

便鞋（SLIPPER）

晚上不待在家里吗？不喜欢角落里炉边带靠垫的座椅吗，再穿上便鞋？

——奥利弗·温德尔·霍姆斯（Oliver Wendell Holmes）

"便鞋"一词最早可以用于一下子就穿上的所有鞋。从20世纪初期，该词专指室内没有扣带或收紧设计、易于穿脱的非正规鞋。现在，我们把便鞋和晚上在家换上轻松舒服的衣服时所穿的日常鞋联系起来，而便鞋却有着令人心醉神迷的起源，与19世纪中期女性观念中激进文化的变革关系密切。

便鞋的早期形式位列最富装饰性的鞋履类型之中，尤其是18世纪闺房的便鞋，采用丝绸和华美的金属线刺绣制作。闺房是家庭内部空间，到18世纪，已发展成上流社会女性款待女性朋友、潜在情郎和生意伙伴的装饰性起居室。休闲之美主导着闺房的设计：白色粉刷和镀金、大量的镜子以及洛可可风格的曲线，凡尔赛宫蓬帕杜尔侯爵夫人的房间被称为"充塞着无以复加的大量图画、小摆设、家具、刺绣、装饰品，一切都沉浸在花朵之中，闻起来就像在温室中。"据历史学家格特鲁德·阿伦茨（Gertrude Arentz）说，路易四世最宠幸的情妇"坐在一团馥郁的蕾丝花边中"，炫耀着点缀珍贵宝石的秀丽便鞋里妩媚的小脚。便鞋因而是最有女人味的鞋，用来卖弄纤细精巧的双脚，中国人的三寸金莲则把这种崇拜发展为最极端。

1790～1810年代，带有条纹或重复图案的鲜亮色调皮质和丝质便鞋流行起来，更昂贵的采用银线工艺刺绣，点缀着亮片、褶饰、流苏，并冠以花结。小巧精致穿着便鞋的脚就是它娇弱的女主人不工作、也不太外出的表征，所以它是财富和社会地位入侵流行文化的显著标志。小女孩们欣然接受穿着最易碎的鞋参加舞会的灰姑娘的故事，玻璃舞鞋——脆弱女子的象征，那么小的鞋只有命中注定要嫁给王子的女人才拥有能穿下它的

上图：
男性装束

温斯顿·丘吉尔爵士（Sir Winston Churchill）于1951年休息中穿着绅士风度的有字母组合图案的艾伯特（Albert）便鞋。

左页图：
休闲装束

诺埃尔·科沃德（Noel Coward）于1920年代在普通人剧院（Everyman Theatre）演出《漩涡》（Vortex）时的场景，穿着时髦的皮质便鞋。

小脚。

　　这种观念在 19 世纪依然如此；养家的男人和在洗衣店或工厂做工的妇女才穿靴子；有教养的女人穿不实用的、轻质的、低帮皮底便鞋，用塔夫绸、毛哔叽或软质皮革制成；如果要冒险出门，穿叫做便鞋式凉鞋（slipper-sandal）的鞋，有丝带绕脚踝系住以便跟脚。

　　裙装便鞋通过法国的公司进口到美国，出口商包括沃尔特—埃斯特（Vault-Este）和蒂埃里与儿子们（Thierry and Sons），对法国鞋靴的喜好是如此狂热，以至于美国成立的公司也都归于与法国人的联系。1858 年，《靴鞋生产辅助与指导》（*Boot and Shoe Manufacturer's Assistant and Guide*）作者 W.H. 理查森（W. H. Richardson）写道："大多数所谓法国制造都是美国工匠的产品。采用'善意的欺骗'就是为了满足那些对美国制造商的技术和品位缺乏自信的人的异想天开。"为实现小脚的形象，女性尽可能把它们塞进最小的便鞋里，要承受的痛苦——进一步限制她们足不出户。《格迭斯妇女手册》描写 1850 年富家女一次典型的晚间外出要被迫穿上长袍，"不舒服来自系紧的和憋闷的胸衣，头发上系着珍妮·林德（Jenny Lind）束发带，脚上穿着折磨人的法国便鞋，有如汤上的蒸汽，或是晕倒在熏烤的气味中。"

　　自 1850 年代始，社会变革趋向明显，便鞋式凉鞋慢慢失宠，在美国开始了第一次为妇女权力的动员，在英国呼吁减少服饰对身体的限制，形成"理性着装运动"，女性也开始更多地参与体育运动。随着女性对权力的追求，她们的鞋也变得更实用，薄底的便鞋式凉鞋被搁置一边，白天穿上有着实用、稳固鞋跟、鞋底更厚的靴子。便鞋留在家里穿，但与今天的家居鞋不同；便鞋可以提升双脚，正如 1883 年女性出版物德莫雷斯特（Demorest）太太的《穿什么》（*What to Wear*）指出的："这款鞋是家居服饰的一种，从不应忽视它，因为很明显它从来没有不受人注意。有位精明

下图：

绒球便鞋

　　带低堆垛跟和绒球的 Topshop "瓦娃（Vava）"深绿色天鹅绒便鞋，略微尖形的鞋包头。

的作家说过，'多少男人的心都是被他妻子的便鞋拴住的。'穿着得体的双脚总是受到赞美，所以我们奉劝所有年轻的妻子，也包括年长的，善待双脚，给它们穿上漂亮的长筒袜和整洁的便鞋。"

到19世纪末期，便鞋回归到了恰当的位置，即非正式的家居环境中，尽管在美国接受这个理念花了稍多的时间。鞋专家南希·E.雷克斯福德（Nancy E. Rexford）认为这是源于美国不稳定的阶级结构（相比层级化阶级结构的英国），这造成服装担负了更重要的身份标志，在英国，阶级的概念已经严格明确了几个世纪，每个人都本能地清楚自己的位置。如果一个女仆穿得像个公爵夫人，她会因变得"趾高气扬"而成为被嘲笑的对象，但愿不会有这样的情况发生。雷克斯福德认为在美国，"社会鼓励那些极力装扮得像贵妇的女性，扮淑女意味着培养人们雅致的韵味，把自己限制于室内的消遣中，这样，薄的室内鞋一定会广泛穿着，厚重的鞋即使在该穿的时候也束之高阁。"

到20世纪早期，便鞋回归卧室，最精致的是由巴黎沃斯时装屋（House of Worth）的大刺绣工米绍耐特（Michonet）手工制成的。米绍耐特以在丝带上刺绣而著名，他的立体风格把丝带和丝绵结合传统刺绣针法形成华美、有填充的效果。他的配色丰富，以高度满足感官效果为宗旨，如粉色、奶油色以及嵌着乌黑珠饰的红色，很受令人不齿的"大交际花"的喜爱，像拉贝勒·奥特罗，因在巴黎马克西姆有限公司（Maxims de Paris）大跳艳舞而出名，还有不一般的利亚纳·德普吉（Liane de Pougy）。很多中产阶级女性按照迎合国内市场的流行女性杂志上的式样缝制自己的卧室便鞋，流行的做法是在家中绣出柔软的帮面，再拿到当地鞋匠处绱薄皮质鞋底。20世纪早期卧室便鞋成功的生产商是美国公司丹尼尔·格林（Daniel Green），格林最初是纽约华莱士·埃利奥特（Wallace Elliott）公司的旅行鞋销售员。格林在访问一间工厂时，看见工人们为保护脚抵御工厂地面的寒气，穿着一种用废毛毡碎片制成的平底便鞋。于是，格林劝说工厂主生产这种便鞋，卖给他这个总代理商，1885年，当卧室里新添了色彩诱人、白色毡底带跟便鞋时，他已销售7.5万双鞋了。后来售出1亿双，他的公司仍在运转。

上图：
街头便鞋（2005年）

马修·舍弗拉德（Matthew Chevellard）创建了戴尔·托罗公司之后，重新改造了艾伯特便鞋并以新形象出现。

上图：

有光泽的便鞋

维维恩·韦斯特伍德把目光转向便鞋，生产出这样超级光亮的黑色漆皮表面效果。

男式便鞋依维多利亚女王（Queen Victoria）的丈夫艾伯特亲王（Prince Albert）之功，也变得流行起来，亲王使艾伯特鞋得以普及，这是一款前帮盖上置（tab-fronted）的黑色天鹅绒便鞋，絮有棉花衬里和皮革鞋底，是他在宫中休息时穿的。到爱德华时代，绅士回到家脱下正式的工作服装，换上悠闲的晚间便服、黑色领结和裤子，表明他已回到家庭空间，脚上定会套上舒服的、有交织字母图案的艾伯特鞋。1908 年，《华盛顿邮报》（Washington Post）刊登了一位米林顿（Millington）先生的文章，题为"便鞋之趣"，他盛誉便鞋的好处："晚间便服和便鞋就是舒服的代名词，但如果只能二选一，我宁要便鞋。"他接着说，"我了解这双脚这么长时间了，到了简直可以说是朋友的程度，或者至少我对它们存在友好的感情。如果我脱了鞋，把它们从一天的囚禁中解放出来，我想它们必定心存感激；然后，这双脚和我坐进我专属的椅子里，抽支雪茄，看看晚报。"这样家常晚间便服和便鞋的搭配，以及黑领结替换领带，持续到1930 年代和 1940 年代，正如好莱坞电影中诺埃尔·科沃德、弗雷德·阿斯泰尔和卡里·格兰特的穿着。很多公司生产男式室内便鞋，如创建于 1804 年的 L.B. 伊文思（L. B. Evans）和 1829 年成立于北安普敦的特里克斯有限公司。该公司今天以手工男式皮鞋而著名，那缘于查尔斯王子和他的儿子威廉和哈利都穿了他们生产的鞋，同样有名的还有手工皮质衬里的天鹅绒艾伯特便鞋。

2005 年，马修·舍弗拉德创建了戴尔·托罗公司后，改款并重塑了艾伯特便鞋。在他还是个学生的时候，就想过在毕业典礼上炫耀一双带有他高中学校盾形徽标的出色黑天鹅绒艾伯特便鞋，但最终因昂贵的价格而弃了。有了自己的便鞋之后，舍弗拉德感觉到了美国市场的缺口，成立了戴尔·托罗公司，总部设在迈阿密，便鞋在马德里制作。戴尔·托罗把前帮加高，用更结实的皮革代替絮有棉花的内里，用刺绣头盖骨加交叉腿骨的图形代替古板的文字组合图案，采用一系列霓虹色，这一系列的设计在便鞋转向街头鞋方面功不可没。2011 年，他们瞄准说唱歌手坎耶·韦斯特（Kanye West）的双

顺时针自左上图：

斑点狗便鞋

很多便鞋采用不寻常的动物花纹取得"家居"奢华之感。

设计师便鞋

1980 年代，黑色天鹅绒艾伯特便鞋迎来意想不到的时尚复兴，图示为 1986 年 YSL 出品。

艾尔·摩根（Air Morgan）便鞋

1928 年成立于芝加哥的鞋靴品牌可汗（Cole Haan）出品的传统便鞋。

金色便鞋

"保时捷（Porsche）"这个神奇的名字把这款皮质便鞋提升为男性必备品。

脚时，全球性的成功已是既成事实。

如今，女式便鞋有很多款式，包括木底鞋、莫卡辛鞋和雪地靴，它们就像卧室便鞋和潮拖，带着同样的穿着性能方面的问题从家居走向街头，因为它们具有与生俱来的极端条件下的不适应性。硬底的室内皮底短袜是近来的发展产物，常和"毛毯袍"（一种毯子，也可以当衣服穿）一起穿。

古巴式鞋跟（CUBAN HEEL）

都说我矮才穿高跟鞋。但我穿高跟鞋，是因为女人喜欢。

——亲王

1977年，以迪斯科为刺激因素的电影《周末夜狂热》（*Saturday Night Fever*）中，一袭白衣的约翰·特拉沃尔塔（John Travolta）穿着古巴跟靴子招摇过市。一个明星和一款鞋履热就这样拉开帷幕。1970年代晚期，穿高跟鞋的男士处于强势地位。特拉沃尔塔神气活现的男子气概反映了古巴式鞋跟南美洲牛仔款式的出身。骑行于马上，古巴跟使牧人的脚稳稳地待在马镫里，它成角度的造型防止鞋向外滑出，尤其用绳索操控时。如今，男性和古巴跟之间的关系更复杂了，对有些人来说，它们具有摇滚明星的性感，对另一些人来说，则是掩饰有限身高的工具。

古巴跟是个矮墩墩的体形：宽大、中等高度，略微上宽下窄。特征是后部有轻微锥度，前部平直，用于鞋和靴，如1960年代的切尔西靴和披头士穿的短靴（Beatle boot），结合采用古巴跟以弥补修长、及踝的高度。特征鲜明的鞋跟带来了更高的高度，更重要的是，它为1960年代的流行样式提供了闪光点。

古巴跟用于女式鞋靴要稍晚于男鞋，大约在1905年，在众多路易斯跟的一片汪洋中，作为最新型鞋跟异军突起。路易斯跟反映了爱德华时代的剪影，一切都是沙漏形曲线，但到了1920年代，在巴黎女装设计师可可·夏奈尔（Coco Chanel）的努力下，适合男性形象的古巴跟进入时尚领域。它的清晰线条适合男女两性特征和现代主义者，用于晚宴鞋时，可以点缀莱茵石、仿玳瑁或装饰性珐琅做炫丽地装饰。查尔斯顿（Charleston）和黑臀舞（Black Bottom）这类新一代充满活力的舞蹈狂潮需要

上图：

迪斯科舞步

在1977年电影《周末夜狂热》中扮演托尼·马内罗（Tony Manero）的约翰·特拉沃尔塔助长了古巴跟的男子气概形象。

左页图：

在迪奥·桀骜发展成熟的赫迪·苏莱曼（Hedi Slimane）的紧身形象成为当代古巴跟靴的完美衬托。

更踏实跟脚的鞋，看上去宽大的古巴跟就很完美了；至于日间鞋，可以用于牛津散步鞋，为原本的男子气概鞋添加了些许休闲风格。

2000年代，男裤受赫迪·苏莱曼在迪奥·桀骜期间开发的款型影响，变得越来越紧身，古巴跟又重新流行起来。带跟的靴子加长，优雅瘦削的外形呈流线型，体现出超性感的神气，帕特里克·考克斯同其他设计师做出设计，演员罗素·布兰德（Russell Brand）和歌手莱尼·克拉维茨（Lenny Kravitz）都穿过他的古巴跟靴子。考克斯认为"摇滚明星喜爱古巴跟，因为他们中的大多数身材偏小。我从未见过谁不在乎身体什么部位多出一两英寸。"

其他把古巴跟运用于作品集的还有赫德森（Hudson）的维基·哈登（Vicky Haddon）；杰弗里·韦斯特（Jeffrey West），其灵感包括花花公子博·布鲁梅尔（Beau Brummell），以及演员理查德·哈里斯（Richard Harris）和奥利弗·里德（Oliver Reed），他那艳丽的靴子结合手工磨光的鞋面与固特异沿条鞋底；还有澳大利亚制作商R.M.威廉斯（R. M. Williams），它创建于1931年，以生产注油牛皮或小山羊皮古巴跟靴而著名，罗素·克罗（Russell Crowe）、比尔·克林顿（Bill Clinton）和里奇·马丁（Ricky Martin）都穿过。最耀眼的一双由加雷斯·皮尤（Gareth Pugh）于2011年制作，高光泽度的黑色漆皮，三英寸鞋跟，闪亮的金色拉链。

右页图：
摇滚明星风格

1964年，滚石乐队（Rolling Stones）吉他手布赖恩·琼斯（Brian Jones）在伦敦，穿着反叛的古巴跟靴斜倚在床上。

下图左：
雅致的瘦削形

杰弗里·韦斯特的仿蛇皮靴有高古巴跟和后侧拉链。

下图右：
奶牛花纹古巴跟靴

R.M.威廉斯个性鲜明的古巴跟靴，图示为引人注目的黑白奶牛花纹皮革。

毡靴（VALENKI）

我用橙色和红色水粉颜料涂抹灰色毛毡靴，它变成可怕的丑东西。

——设计师和艺术家维亚切斯拉夫·扎伊采夫（Vyacheslav Zaitsev）

毡靴是款色彩单调、及膝，宽开口的平底靴，为应对西伯利亚严酷冬季里雪地上行走，从三百多年前进化而来。其名字源于俄语"valenok"，意为"用毡制成"，这是一项古老的把羊毛制成厚织物的技术，要把羊毛浸渍在沸水中，使纤维收缩并结合在一起。毡靴系手工制作，在将一大片毡化羊毛送进烘箱干燥之前，连续捶打成靴子的形状，最终形成不需要支撑的、挺实的袜状护套，左右脚没有区别。无论室内还是室外，穿毡靴都不用穿袜子，因为毡子是按照个人脚的形状成形的，是最舒服又保暖的鞋靴。由于这种靴子在雨天不具备防水能力，习惯上都是套橡胶雨鞋穿的。俄国的毡靴有黑色、灰色或白色；在挪威和瑞典，颜色鲜亮的款式叫做"lobben"，有防护性皮底，鞋面上有大量民族图案刺绣。

19世纪，毡靴的生产开始工业化。随着产量的增加，价格更便宜了，有更多成品可以购买。20世纪早期，加上橡胶鞋底，毡靴成了俄国军队的标准冬季配置。据估计，现在在俄国每年生产4500万双。

毡靴被视为有益健康的，据说毛毡的质地能刺激脚部血液循环，毡靴益于健康的特点富有传奇色彩：一般认为，彼得大帝的宿醉治疗就是一碗热气腾腾的卷心菜汤，再穿上他心爱的毡靴在宫殿里散步。这靴子还有占卜命运的功能——在平安夜，按传统都要走到户外，朝天空扔毡靴。不管它在哪落地，都会指向单身女孩未来丈夫的方向。

到1920年代，粗糙品质的毡靴似乎与现代城市生活脱节。它们也不适合人行道上的污水——失宠了。然而，毛毡靴完全用皮革制作，再加上低堆垛跟或路易斯跟，时尚转型发生了，改名叫"俄罗斯靴（Russian

上图：
雪地靴
传统的俄国毡靴本来是为了在严酷的西伯利亚冬天便于雪地里行走而制作的。

左页图：
温暖而舒适
毡靴用厚羊毛毡制成，采用短袜的形状。

boot）"。顶部敞开式的款型和易于穿脱的便利使这款靴成为老式纽扣靴的现代替代品，1916 年由时尚偶像，设计师保罗·普瓦雷（Paul Poiret）之妻丹妮丝·普瓦雷（Denise Poiret）首穿。保罗·普瓦雷设计这款靴是为了搭配他艳丽的少数民族灵感的设计，靴子由法国制靴匠人法夫罗（Favreau）手工制作，采用白色、红色及褐色皮革，低堆垛跟，方鞋包头。

不过，对于实用型款式，它的折边还是太低，直到 1920 年代开始流行时情况才有所改变。

1922 年，《靴鞋记录》（*Boot and Shoe Recorder*）在一篇文章中引用了流行趋势，认识到俄罗斯靴预示着年轻的轻佻女郎穿着的难看橡胶雨鞋的终结。杂志报道称，"俄罗斯靴象征着实用，而不是好看。它在现代美国女孩的装束中，几乎称不上适宜和漂亮的部分，她们的裙子那么短，穿着俄罗斯靴的脚远不是娇小型的。没有哪位商人希望俄罗斯靴能成重头戏，但如果俄罗斯靴能成为冬季的补充，代替啪嗒啪嗒的橡胶雨鞋，俄罗斯靴应该还是个有点用的东西。"记者们都知道啪嗒啪嗒的橡胶雨鞋是他们最放不下的事——芝加哥臭名昭著的匪帮中浓重涂抹的女性成员穿着它向俱乐部走私非法酒精饮料，俄罗斯靴也因此声名狼藉——这就是"走私（bootlegging）"一词的来源。

在 1930 年代，上部宽开口的俄罗斯靴失宠了，日间服装的边缘差不多到脚踝的位置，服饰普遍更为传统地女性化和紧身——服装底边、膝盖和脚踝之间实在是没有容纳这种笨重款型的位置。1950 年代，宽顶部开口的款式与巴黎时装师工作室中制作的合身、量身订制样式

上图：
下一代

奥尔加·切尔尼科娃（Olga Chernikova）为年轻的现代俄罗斯人升级了传统的毡靴，正如这双蓝色手工制毡款。

完全相悖。

在 1960 年代末，俄罗斯靴再次短暂出现，鞋靴制造商为迎合民族风格重塑为"嬉皮奢华"，但是在 1980 年代新浪漫主义运动背后，它作为男式和女式的主流时尚，实在是刚刚起步。这一 1980 年代早期风格部落的追随者是后现代主义的时尚掠夺者，为做作的服装搜刮历史上的影像资料库，用来创作稀奇古怪的个性形象。在一间地下酒吧里，坐在穿着修女长袍的歌手乔治男孩（Boy George）旁狂饮鸡尾酒，或者穿着伊丽莎白一世时代（Elizabethan）绉领的俱乐部发起人史蒂夫·斯特兰奇（Steve Strange）是崭露头角的哥萨克人，他们的脚上穿着低堆垛跟的黑色皮革俄罗斯靴。随着这样的形象走向主流，追求时髦的人在黑色紧身裤上或最短的松身裙下穿着的简单款型，很多制鞋商和商店品牌如多尔奇斯（Dolcis）、萨夏（Sacha）、利利—斯金纳（Lilley & Skinner）和拉威尔（Ravel）都开始生产自己的版本。

最初的毡靴不像它衍生出的俄罗斯靴，在一个类似形状的羊皮靴——澳大利亚 UGG 雪地靴（参见第 128 页）风靡全球，在取得前所未有的成功之前，并不太为俄国之外的世界所认识。UGG 雪地靴的流行导致新一代俄罗斯人接受他们本土的靴子，奥尔加·切尔尼科娃在内的当代设计师在 2007 年俄罗斯时装周上展示首次手工制作的作品集。她说，"首先，很多人认为自己属于某村庄或农场。难道我们不应该记住我们是俄罗斯人吗？苏格兰人有他们自己的方格呢短裙，我们有我们的毡靴。"

下图：

新 UGG 雪地靴

　　澳大利亚人有广受欢迎的 UGG 雪地靴，日丹（Zdar）创作了"尼科（Nico）"，俄罗斯人也有了同样的奢侈品。

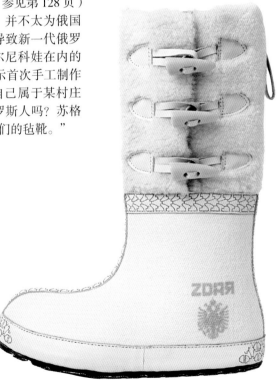

橡胶雨鞋（GALOSH）

橡胶雨鞋是穿在室内鞋外面，在恶劣天气条件下起保护作用的。"galosh"一词源于拉丁语"gallica solea"，或"高卢鞋"，本指木质鞋底或用带子系在脚上的凉鞋。到18世纪末，这一名称指的是防水或漆皮套鞋。上漆的工艺是给皮革涂覆清漆或油料，产生能够抵御湿气的光泽表面。19世纪早期，最初的橡胶雨鞋从巴西进口到欧美，那是在黏土的"脚"上浇注数层乳胶，然后用棕榈坚果的火烟熏处理制成。黏土经几天烟熏后，可以很容易地用水清理掉，只留下一双橡胶的外形，可以穿着保护脚。这个相对不成熟的工艺过程有着自身的缺陷：橡胶仍处于不稳定状态，夏天变得很黏，寒潮侵袭又很脆且易于开裂。尽管如此，进口橡胶雨鞋还是取得难以置信的成功，到1842年，每年销售50万双。

只要脚下是湿的，我就穿上橡胶雨鞋。

——詹姆斯·乔伊丝（James Joyce）短篇小说集
《都柏林人》中的康罗伊太太在《死者》中的话，1914年

1839年，查尔斯·古德伊尔（Charles Goodyear）设法用橡胶的硫化过程——与硫黄一起加热的办法稳定了巴西橡胶的性能。改良的能抵御冷热温度的橡胶雨鞋于1844年正式面市，在男装市场颇受欢迎，成为绅士的工作行头中的重要物品。对女性而言，情况完全不同：如果是体现优雅的装扮，她们会穿没有户外防护的皮质便鞋，走路时，为提高防护程度，会穿前系带或纽扣式的靴子。大号的橡胶雨鞋是对秀美小脚的漠视，显示出让中产阶级女性不满的社会流动性，这些中产阶级女性太在意自己的社会地位，还没有准备好进入没有男性伴侣守护之城。如

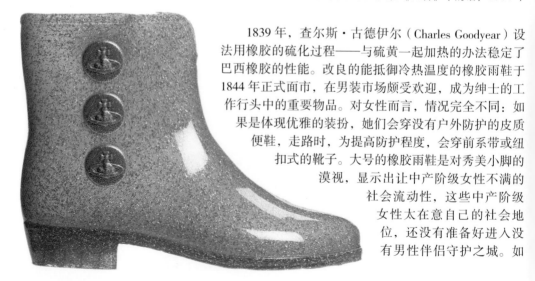

果谁有仆人、有钱，可以让仆人跑腿。只能让 1920 年代
的新女性去穿橡胶雨鞋，即那些轻佻女郎，她们展现出
更多爱好运动的形象，蕴涵着年轻的、喜爱户外活动的
时新特点。

　　轻佻女郎是个任性倔强的女性，她孤单的身影出现
在城市街道上活像妓女的姿态。穿着短裙、钟形帽、涂
抹着面容的惹眼女郎远离家庭环境和她作为妻子与母亲
的角色时，便陷入非法境地。穿着橡胶雨鞋的女人就是
无论什么天气都准备好走出家门的女人，也是在靴子过
时的年代做出现实选择的人。轻佻女郎们拒不系橡胶雨
鞋的鞋带扣，显得更为叛逆，雨鞋在她们的小腿和脚踝
边上拍打（flap）着，有人说这个不拘小节的形象产生了
"轻佻女郎（flapper）"一词。

左页图：
英国迷
　　维维恩·韦斯特伍德在模仿
橡胶雨鞋的梅利莎靴（Melissa）
（2010 年）上，采用胶鞋进行实验。

右图：
新靴子
　　时装设计师马修·威廉森在
2011 年使低调的胶靴成为张扬的
走秀时尚。

19 世纪

　　对名人的崇拜影响鞋靴的流行，正如威灵顿的改革，威灵顿因其在战场上的勇猛，又有铁公爵（Iron Duke）之称。正是在 19世纪，鞋子的诱惑一面变得更加明显，很受发展起来的第一代恋鞋癖或叫做"摇摆者"欣赏。这个时期，很多重要的男鞋款式发展成型，包括牛津日间鞋以及包括切尔西靴和纽扣靴在内的一大批实用型靴子。

威灵顿长靴
（WELLINGTON）

我们痴迷于凯特·莫斯的形象——威灵顿长靴配短裤？谁又能跳出红尘之外呢？

——时尚造型设计师雷切尔·佐薇（Rachel Zoe）

威灵顿长靴，也叫橡胶靴，是由威灵顿第一公爵（Duke of Wellington）阿瑟·韦尔斯利（Arthur Wellesley）设计的套穿靴子，目的是使自己部队在战场上勇敢地面对拿破仑时，能表现出更精干的形象。在威灵顿靴的发展过程中，黑森靴（Hessian boot）大行其道，该靴子以德国黑森州（Hesse）命名，1790年代，花花公子博·布鲁梅尔也穿过它。黑森靴曲线形沿口和装饰性流苏属于故意卖弄，穿上它搭配紧身马裤，成功将人们的注意力吸引到体型完美的、男子气概的双腿上。1851年，乔治·克鲁克香克（George Cruikshank）记录他看见"那个时代的花花公子们，每当消防桶一样的靴子上的流苏乱了，就拿出一把梳子来梳理流苏。"

作为时尚的虔诚追随者，威灵顿想穿长裤，19世纪进入男装词典的新式分衩服装。黑森靴的曲线沿口和它的重量、装饰束辫修边与流苏造成难看的鼓包，且与新式长裤外形相冲突，所以威灵顿发挥了他的造型鉴赏力。他想要的靴子经历战争的残酷却依然形象良好，离开战场也能感觉舒服。铁公爵因其光鲜靓丽的外表和时尚感也称花花公子（the Beau），委托伦敦圣詹姆斯街（St James Street）的鞋匠霍比（Hoby）打造柔软小牛皮、边缘无装饰、贴身的标准黑森靴。他的流线型款式取得了巨大成功，男士们竞相仿效这位战斗英雄的鞋履，成为最早的名人影响时尚的例证之一。在铁公爵的半岛战争（Peninsular War）和1815年滑铁卢战役取得胜利之后，他的靴子也疯狂地流行起来，授予"威灵顿长靴"称号时，它成为1840年代最受欢迎的靴子，最终在1860年代作

上图：
长靴发明人

威灵顿公爵骑战马、穿着原型威灵顿长靴的画像（约1825年）。

左页图：
节日装

凯特·莫斯出席2008年英国格拉斯顿伯里音乐节（Glastonbury Festival），造就了"猎人（Hunter）"威灵顿长靴达到时尚顶点。

为日间鞋被踝靴（参见第 202 页）取代。

　　1852 年，企业家海勒姆·哈钦森（Hiram Hutchinson）从查尔斯·古德伊尔处购买了橡胶硫化过程的专利，用天然橡胶生产长靴，橡胶威灵顿长靴通过法国艾格勒（Aigle）公司销售。其他生产商开始实验使用橡胶制靴的各种方式，例如亨利·李·诺里斯（Henry Lee Norris）1856 年从美国旅行去了苏格兰的爱丁堡，在那创建了北不列颠橡胶公司（North British Rubber Company），生产靴和鞋。

　　到 20 世纪早期，橡胶靴流行起来；欧洲的农民们开始喜欢上这项鞋靴创新，因为在泥巴地里也能保持双脚干燥，用它替代传统木屐；同样，在第一次世界大战期间，由于它在洪水浸没的战壕里保护士兵的脚免受战壕足病之苦而赢得声誉。1914 ~ 1918 年间，北不列颠橡胶公司为英国军队生产了远超 100 万双鞋；第二次世界大战时期，荷兰的洪水令威灵顿长靴再次发售。1940 年代的物品配给制导致鞋靴品供不应求，这意味着耐穿的靴子被广受欢迎，橡胶靴的广泛适应性和更圆润的鞋包头使其成为 1950 年代男女老幼的雨天标准穿戴。1958 年，北不列颠橡胶公司除铁公爵原型靴之外，引入最具标志性的威灵顿长靴，在 2000 年代发展为时尚品牌"绿色猎人（Green Hunter）"靴和"皇室猎人（Royal Hunter）"靴。

　　1960 年代，威灵顿长靴使用 PVC（聚氯乙烯）制作，表面的超级光亮效果适应了那十年太空时代的时尚，时装设计师玛丽·匡特设计了配套的一组雨衣、雨帽和威灵顿长靴。1967 年，匡特用匡特阿福特（Quant Afoot）的品牌名称发布了一系列鞋靴，包括注塑成型的全透明 PVC 材料雕花包头踝靴，可以透视到彩色平纹针织布衬里。她的个性化雏菊图形模塑在鞋跟里，踩过人行道的水注或者踏雪而行之后，身后留下一串图形的印记，这是一个饱含设计师太多辛酸往事的图形，十几岁的时候，她曾迷恋上一位比她大的男士，盼着他的女友死去。让匡特惊恐万分的是，那位女友死于阑尾炎，她的名字是"雏菊（Daisy）"。这个时期，意大利时尚品牌菲奥鲁奇（Fiorucci）也生产亮丽色彩的威灵顿长靴，1980 年代早期，出品一双带有闪亮的黑色低跟的亮红色 PVC 靴。

2000 年代，"猎人靴"成为时尚必需品；2005 年凯特·莫斯穿着黑色猎人靴出现在格拉斯顿伯里音乐节，同年，安吉丽娜·朱莉（Angelina Jolie）在电影《史密斯夫妇》（*Mr. & Mrs. Smith*）中穿着红色猎人靴，猎人靴获得如此的时尚威望，能够与周仰杰这样的时尚鞋品牌合作。高级时装店赶上了威灵顿靴的大潮，它显然提供了廉价而令人欢乐的画布，可以在上面轻松印制标志性图形，比如巴宝莉（Burberry）的格子纹图形、璞琪（Pucci）迷幻的漩涡纹，还有米索尼的锯齿形纹，然后索要大价钱。众多的设计师款式清晰地表明低调的威灵顿长靴已经从乡下人的追求转移为节日装，成为大众时尚只是一小步。现在的威灵顿长靴已经完全抛弃了实用性的出身，在盛夏法国南部的俱乐部里也有人穿着它。2011 年，记者布里约尼·戈登（Bryony Gordon）写道："威灵顿靴在当下是城市愚昧的终极标志。在伦敦的任何地方，一群群穿着令人眼花缭乱的红色威灵顿靴、带图案的威灵顿靴、高跟威灵顿靴的女人们沿街囊囊地走着。如果你特别笨，你甚至会花 275 英镑买一双周仰杰的鳄鱼皮印花的长靴，那可是现代版的笨蛋高帽。它的出现源于下雪，当然，尽管 6 英寸厚的脱衣舞高台底鞋比高街所售粉红色花威灵顿靴更能吸引人。雪化了很久，而威灵顿靴大军的前行还在继续。"

顺时针自左上图：

设计师合作

周仰杰—猎人设计，银色鳄鱼皮浮雕图案装饰威灵顿靴。

巴西品牌

人字拖品牌哈瓦那进入利润丰厚的威灵顿靴市场。

真正的英国人

这只光滑的黑色"普拉克（Plaque）"威灵顿靴出自经典英国品牌巴宝莉。

橡胶魅惑

克洛艾的副线品牌 See 发布的一款系带豹纹节庆靴。

雪地靴（UGG）

> 关于 UGG 雪地靴，没什么值得认可的：只适合小女孩的蓬松感……还有，它毫无疑问显得腿更短了。

——哈德利·弗雷曼（Hadley Freeman）于 2007 年 11 月 12 日《卫报》

尽管 UGG 雪地靴似乎是当代才进入鞋靴舞台，但它的出现已超过两百年了，起源于澳大利亚和新西兰的农夫和家畜贩子穿的普通羊皮靴，或叫"小靴子（footie）"。UGG 雪地靴是双面的，因为它是用一片羊皮制成，有毛的一面朝内里，鞣制的皮革一面形成靴子的外帮面。羊皮裁剪好之后，按靴子的形状缝制起来，鞋底用胶在内里粘好。皮革主跟固定在靴子外面，起到支撑鞋跟的作用，靴子底部固定在模制橡胶外底上。

其名字的来历有些争议，究竟是"丑陋（ugly）"的略称呢，还是因为羊皮衬里的靴子舒服地"抱紧（hugs）"脚，就像更合脚的毡靴（参见第 116 页）。众所周知最早商业化生产雪地靴的公司是 1930 年代早期的蓝山 UGG 公司（Blue Mountains Uggs），但它的靴子获得的时尚威望微乎其微，常被当作家用便鞋在家里穿。

1973 年，澳大利亚人沙恩·斯特德曼（Shane Stedman）创作了一个款式，并销售给冲浪运动员，雪地靴得到普及。它的款型很便于穿脱，事实上，不穿袜子就可以穿，羊毛吸收了潮湿的双脚上的水分，这使它成为运动员休会期间保持脚部温暖的理想靴子。斯特德曼解释说："澳洲冬季也就是六月天，海水冰冷。我过去常穿足球衫保暖。麻烦的是，足球衫差不多把你套住了。因为这些衣服又大又厚，是只适合专业人士的橡胶材质，不可能湿了还要再穿上。以前经常感觉双脚要冻僵了。所以我想，为冲浪者设计靴子一定是个顶好的主意。很多年来，内陆人一直用羊皮裹脚。"

斯特德曼的第一款靴子发育相当不全，皮上还连着肉和筋腱，因为还有很大的恶臭气而闻名。

上图：
街头时尚

2003 年，凯特·莫斯穿着 UGG 雪地靴出现在伦敦街头，有助于开启一场鞋靴革命。

左页图：
冬季取暖器

在多伦多皇家舞厅澳大利亚 2010 秋冬季作品展中，模特正走向表演台，展示 UGG 雪地靴。

用上橡胶鞋底和改良羊皮，靴子取得了成功，尤其因为搭配破洞牛仔裤时，获得了叛逆的名声，这样的穿戴在悉尼的电影院和夜总会是禁止入内的。这羊皮靴开始和性感运动懒散的中场休息时间联系起来，女孩穿着男友的 UGG 雪地靴标志自己是这对天生绝配的另一半。

1978 年，有魄力的冲浪运动员布莱恩·史密斯（Brian Smith）在澳大利亚 UGG 的品牌下，开始从圣迭戈（San Diego）到圣克鲁斯（Santa Cruz）向加利福尼亚的冲浪用品店进口并售卖类似的羊皮靴，这是利基市场的成功，适时地引起德克斯户外用品公司（Deckers Outdoor Corporation）的关注。德克斯有季节性的鞋，就是"泰瓦（Teva）"凉鞋，需要有过冬的靴子弥补销售季，以保证持续不断的销售力，因此，他们在 1995 年花 1500 万美元购买了澳大利亚 UGG 雪地靴公司（Uggs Australia），而他们早在 1983 年已经花 1 万美元加终生每年三双鞋的代价顺畅地获得了斯特德曼的设计概念。大约就在这个时期，由于一位女性明星——演员帕梅拉·安德森（Pamela Anderson）在澳大利亚工作期间发现了这款靴子，在拍摄热门剧集《海滩救护队》（Baywatch）的间歇，用来给脚部保暖，这促使雪地靴获得了更主流的地位。狗仔队拍摄到她穿着毛边迷你裙和 UGG 雪地靴外出活动，她的高端人气意味着靴子在喜欢她加州沙滩宝贝与魅力模特混搭的青年女子中间赢得了梦寐以求的名流身份。适逢魅力女孩帕里斯·希尔顿（Paris Hilton）开始穿着收拢宽松长运动裤的雪地靴和一副超大墨镜，UGG 雪地靴便成为大多年轻女演员（及她们的崇拜者）舞台之外的统一服装。2000 年，脱口秀主持人奥普拉·温弗里（Oprah Winfrey）在她的节目中极力褒扬雪地靴——当时每日有 700 万听众——靴子的成功已成定局。

包括 Aussie Dogs、Emu、Koolaburra、Bearpaw、UGG 和 Warmbat 在内的合法品牌销售类似的澳大利亚靴的同时，据估计，超过 4000 家国际网站也在售卖冒牌货，UGG 雪地靴也许是鞋靴史上最多赝品的靴子。多年以来，一直有几项推翻澳大利亚雪地靴商标权的请求，因为这款靴子可说是澳大利亚文化遗产的一部分。

很多人觉得 UGG 雪地靴奇怪的超大比例，尤其是过于丰满的缝合鞋包头很丑，再加上

下图：

嵌钉装饰小山羊皮

周仰杰用带有引人注目的装饰嵌钉的黑色小山羊皮"铆钉靴"（Mandah）让 UGG 雪地靴强硬起来。

顺时针自左上图：

小尺码 UGG 雪地靴

UGG 雪地靴生产婴幼儿雪地靴来扩展市场份额。

针织款

这只侧边钉扣的"卡尔迪（Cardy）"靴是 UGG 雪地靴的冬季款。

条纹 UGG 雪地靴

引发双重身份的 UGG 雪地靴——是鞋还是条纹袜？

UGG 雪地靴式木底鞋

结合羊皮便鞋的舒适性和木底鞋的耐久性的 UGG 雪地靴。

它们有成为叫做"街头跛子"的倾向已经引起太多媒体的诉病。足病医师指出没有足弓垫导致靴子侧面受压迫而不是压迫鞋底，引起穿着者勉强能把脚从地面上抬起的所谓"雪地靴拖曳症"。靴子在潮湿天气也会吸收大量水分，在羊皮鞋面上留下水渍，不过这一点好像丝毫没有影响它的成功。而靴子全方位的舒适性很可能导致它的毁灭，如今它普及到替代了原来无处不在的运动鞋，与"睡衣跑跑"联系在一起，该说法受赐于那些穿着睡裤和廉价的高街翻版 UGG 雪地靴，把孩子扔在校门口的邋遢女人的行为。数量庞大的假冒复制品已经造成人们认为的奢华休闲的高度极大地下降，所以澳大利亚 UGG 雪地靴品牌正在重塑品牌。2011 年，借由与高端生活品牌"周仰杰"合作，力图重拾此靴的奢华地位。从完全的平底向加以高跟或高台楔跟，UGG 雪地靴开始了变身，唯一看得出的部件就是最初的羊皮衬里。

玛丽珍鞋（MARY JANE）

> 马诺洛·布拉赫尼克的玛丽珍鞋！这些简直都是都市鞋神话！
>
> ——《欲望都市》中卡丽·布拉德肖关于"时尚理念"的片段，2002 年

玛丽珍鞋是一款低跟、单扣襻带跨过脚背的宽头满帮鞋。普遍的宽鞋头和单根襻带可以上溯至英格兰都铎王朝时期，国王亨利八世在他的正式画像中穿着有"latyn"或金属扣的平跟缎质襻带鞋。

到 19 世纪，这款鞋的实用性使其成为发育中儿童双脚的最佳选择，因为平底和稳妥的襻带有益于蹒跚学步的孩童离开成年人的怀抱迈出他们跟跄的第一步。这个重要的成长过程产生的强烈反响影响了这款男女皆宜的鞋，把它和儿童联系起来，两个公众儿童人物冠以穿着这款鞋的形象，把这层联系缔造得更进一步了：约翰·坦尼尔爵士（Sir John Tenniel）于 1865 年为刘易斯·卡罗尔（Lewis Carroll）的《爱丽丝漫游仙境》（Alice in Wonderland）所绘标志性插画中"爱丽丝"的形象，以及 E.H. 谢泼德（E. H. Shepherd）在 A.A. 米尔恩（A. A. Milne）的《小熊维尼》（Winnie the Pooh，1926 年）中克里斯托弗·罗宾（Christopher Robin）的插画形象。

这款鞋在美国获得了它与众不同的称谓。1902 年，作家兼美术家理查德·费尔顿·奥特考特（Richard Felton Outcault）绘画的布斯特·布朗（Buster Brown）连环漫画首次在《纽约先驱报》（New York Herald）露面。它主要描写一位抑制不住喜欢恶作剧的小男孩布斯特，他的姐妹玛丽·简（Mary Jane），还有他爱多嘴的斗牛犬泰格（Tige）。该卡通画在发表后，大受欢迎，奥特考特决定寻找销售机会以便从他的创作中获利。1904 年，他在圣路易斯世界博览会（St. Louis World's Fair）遇到布朗鞋公司创始人乔治·沃伦·布朗（George Warren Brown），商谈使用布斯特·布朗作为童鞋品牌的授权，这是早于瓦尔特·迪斯尼（Walt Disney）的卡通形象商

上图：

穿玛丽珍鞋的徐姿（Twiggy）

1960 年代，前青春期"小姑娘"的样子，玛丽珍鞋作为完美的陪衬。

左页图：

普拉达 2011 年秋冬季

视幻错觉的小山羊皮靴看起来就像是穿着粉红金属色锦缎的玛丽珍鞋。

业化的早期实例。布朗公司的广告闪电战轰炸了美国：不必走遍全国的百货店和鞋店，就能穿到布斯特的"小公爵（Little Lord Fauntleroy）"授意装备的复制件。他很快建立了一个鞋的王国，直到今天，每年的营业额超过400亿美元。玛丽珍鞋是公司最成功的款型之一——1909年发布的传统单条襻带鞋成为耐穿、合脚、皮质款典范。款型的女性化导致此鞋渐渐转变为女性服装范畴而非男性的，世界上最受欢迎的童星秀兰·邓波儿（Shirley Temple）穿上它之后，它娃娃般的感染力通过电影胶片得以确定无疑。

在同一个十年间，摩登女郎接受了玛丽珍鞋，她们身上流行的男性风格来自可可·夏奈尔、埃尔莎·斯基亚帕雷利（Elsa Schiaparelli）及马德莱娜·维奥内（Madeleine Vionnet）等法国时装屋。平胸、短裙的最新潮女生形象刻意排斥着所有爱德华时代"吉布森少女（Gibson Girl）"装束，玛丽珍鞋是最能满足时髦的脚的款型。不过，玛丽珍鞋的式样在这整个十年中产生了微妙的变化，所以到1930年代早期，该鞋有了更高的锥形鞋跟，此前不久的素平皮革和面料鞋面已替换成彩色缎面、华丽的锦缎和装饰主义丝绸。

1940年代，女生风格明显与艰难时期的战时女性不相称。1950年代早期，匕首跟作为更有强烈性感特征的鞋靴形式而占主导地位，玛丽珍鞋又退居到它先前的童鞋位置——可以看作是在鞋时尚方面向成熟女人发展的第一步。作家夏洛特·内科拉（Charlotte Nekola）1993年在《梦想之家》（Dream House）中描述了这一轨迹，这是关于1950年代她少女时期的回忆录："从玛丽珍鞋到平底鞋到带有小巧风韵鞋跟的船鞋，最后是纯粹性感和权力王国的'细高跟鞋'"。

1960年代早期，玛丽珍鞋作为新发现的青春时尚的完美陪衬再次出现了，连同玛丽·匡特等设计师在伦敦崭露头角，展现在徐姿这样的超级名模纤细的脚上，被塑造成为高端时尚。这个时期，安德烈·库雷热、伊夫·圣·洛朗和克里斯汀·迪奥在T台作品集中也都有漆皮搭襻带特点的鞋，尽管还是标志性的低跟，但鞋包头则略微更呈尖形了。1970年代反主流文化的嬉皮士、激进的女权主义者和好斗的朋克中性感女神都不接受这种童鞋的固有含义。

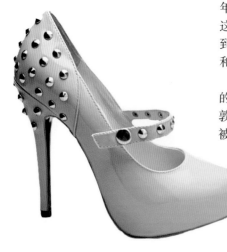

顺时针自左上图：

超现实主义玛丽珍鞋

维维恩·韦斯特伍德银色皮革的脚趾塑形带扣玛丽珍鞋。

水蛇皮和小山羊皮

皮埃尔·哈迪 2012 年春夏季的蓝绿色小山羊皮玛丽珍鞋，水蛇皮襻带细节。

饰有缎带的玛丽珍鞋

路易·威登在 2011 年秋冬季中用雅致的蝴蝶结替代了一成不变的襻带。

现代古典玛丽珍鞋

马诺洛·布拉赫尼克个性鲜明的玛丽珍鞋有比首跟和尖鞋头。

直到 1990 年代，这款鞋才又重新出现在女性服饰中，这次是以它最令人难忘的样式之一出现的。

歌手考特尼·洛夫（Courtney Love）以难看的风格颠覆了"小女孩"形象。穿着娃娃装，系着粉红色丝缎腰带，腰间挂着编结玩具，脚上穿着玛丽珍鞋，手臂上涂鸦着"巫婆"和"荡妇"，红色唇膏涂抹着朱唇，洛夫就这样出现在舞台上。小女孩已经长大，无疑要全然表达自己的观念了。

此后，玛丽珍鞋以多种形象出现，从安娜苏（Anna Sui）的 T 台秀到马诺洛·布拉赫尼克、纳尔奇斯科·罗德里格斯（Narcisco Rodriguez）、马克·雅各布斯，以及为川久保玲（Commes des Garcons）工作的设计师熊谷登喜夫（Tokio Kumagai）。只要圆形鞋包头和条形鞋扣带的特征还明显，鞋跟可以是平底、楔跟，或者高台底。玛丽珍鞋也在经久不衰的哥特摇滚（Goth）亚文化群中拥有一席之地，鞋子的天真形象因添加了着色骷髅旗或橙色火焰等装饰细节而颠覆。玛丽珍鞋新近为日本一个称为哥特式萝莉（Goth Lolita）的形象惹眼的风格部落接受。哥特式萝莉以穿着过膝荷叶边礼服、及膝长袜和厚高台底玛丽珍鞋的维多利亚时期瓷娃娃的形象出现。玛丽珍鞋从卡通原型发展出来，它受到的普遍欢迎再次表明了它的长盛不衰。

堆垛跟（STACKED HEEL）

右页图：

后现代主义的堆垛

伊夫·圣·洛朗在 1992 款凉鞋上添加了堆垛橡胶的高台底和鞋跟，巧妙地暴露着鞋的构造。

下图：

堆垛高跟（2011 年春夏季）

皮埃尔·哈迪用这双蓝白小山羊皮摩天高跟鞋否定了堆垛跟的功能性。

堆垛跟的构造很简单，用一片接一片直接摞起来的皮革裁片制成。每层皮通常称之为堆跟皮。因为一般是低跟，这种鞋跟用于牛津鞋（参见第 90 页）这类很实用型的鞋，后部随鞋跟的形状，前部为直边。堆垛跟通常自 1820 年代出现在鞋和靴中，一般为 1 英寸以下的高度；当平底便鞋的时尚成主流时，堆垛跟在女鞋上消失了，直到 1860 年代，它固定用于步行鞋。

我就这么随意走着，怎么都不会摔倒。

——穿着有 3 英寸堆跟皮和 2.5 英寸鞋跟鞋的
博比·达林（Bobby Darin）

1970 年代，堆垛跟以其高度和短粗程度的组合成为鞋时尚的焦点。1972 年，男性杂志《藏春阁》（Penthouse）对堆垛跟流露出溢美之词，在一篇题为"紧跟自己（Heel Thyself）"的文章中写道："如今的堆垛跟不会让你有缺陷，"接着说，"较高的鞋跟中最流行的式样是堆垛跟。采用天然皮革，一般不染色以保留'原始'面貌，鞋跟往高处落摞，其高度可达 3 英寸。"

这个原始形象完美地囊括在弗赖伊（Frye）"校园"靴中——草黄色或浅棕色皮革、威灵顿式前帮、皮底，还有 2 ~ 3 英寸高的堆垛跟。今天仍然很流行的"校园 14L（Campus 14L）"唤起嬉皮时代终结的情境，那时美国的学生们和着吉米·亨德里克斯（Jimi Hendrix）或是贾尼斯·乔普林（Janis Joplin）的曲调在校园里抗议。第一代起皱弗赖伊靴由英国鞋匠约翰·A. 弗赖伊（John A. Frye）于 1863 年制成，美国南北战争期间的士兵和 19 世纪末期向西方开进的拓荒自耕农就穿着它。像李维斯（Levi's）一样，

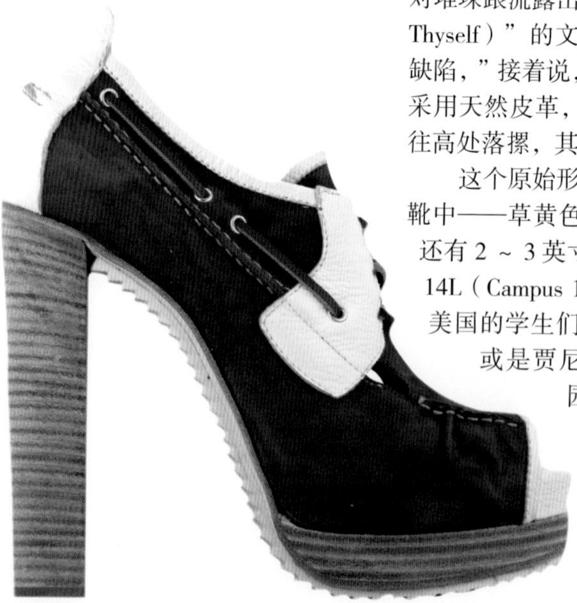

弗赖伊靴的传承回响着。

　　1970 年代，受经济衰退冲击的年代中时髦人士追求"真实性"的诉求影响，耐穿的"校园款"是对 1860 年代原型的重新发布，一起穿的还有木底鞋、莫卡辛鞋和麻底帆布便鞋。

　　可以用高台底轻松地平衡堆垛跟过分的高度，这能使鞋出人意料地舒服，走起路来也相对更容易，成为与迷惑摇滚相关联的高耸风格的特点。堆垛跟提供了耐摇晃支撑，层叠的堆跟皮用交替的色彩形成特色，一如 1973 年歌手埃尔顿·约翰穿的那样。塑料制作的仿木堆垛跟比皮革质地的更轻也更廉价，多数仿木的堆垛跟底部外展，为脚和踝部提供了更多的支撑。2000 年代早期，斯特拉·麦卡特尼和缪西娅·普拉达为 1970 年代的堆垛跟注入新的活力，脚掌前部没有抬高的高台底，成为匕首跟的新替代品。

　　男鞋中的堆垛跟一直见于很多经典靴子上，包括骑行靴和工程靴，不过，堆垛跟或堆跟皮还有另一个功能——提升小个子男人的身高，就这一点来说，这种跟在好莱坞也有一段历史。帕斯奎尔·迪法布里齐奥（Pasquale di Fabrizio），又称为"服务于明星的鞋匠"，为弗兰克·西纳特拉（Frank Sinatra）、迈克尔·道格拉斯（Michael Douglas）、西尔维斯特·斯塔隆（Sylvester Stallone）和迈克尔·杰克逊等很多人制作堆垛跟鞋，迪法布里齐奥在洛杉矶市费尔法克斯大街（Fairfax Avenue）创建了店铺。电视大亨西蒙·考埃尔（Simon Cowell）最近因他的厚堆垛跟受到嘲笑，尼古拉·萨科齐（Nicolas Sarkozy）给他的鞋又加高了几英寸，而比他高 4 英寸的妻子卡拉·布鲁尼·萨科齐（Carla Bruni Sarkozy）则穿着平底鞋。

下图：

杰克逊的堆垛跟

　　1970 年代中期，出现在桑尼与雪儿（Sonny and Cher）电视节目中的迈克尔·杰克逊和杰克逊五人组（Jackson Five）。

网球鞋（TENNIS SHOE）

下图：

混搭

斯通（Stone）的帆布运动鞋添上锥形匕首跟，调侃着"运动"的概念。

右页下图：

"琥珀色闪光"

基于"绿色闪光"的经典邓禄普网球鞋1929年发布，受到网球明星弗雷德·佩里（Fred Perry）的热捧。

作为胶底帆布运动鞋先驱的网球鞋是一种帆布鞋面橡胶鞋底的运动鞋，是1924年巴黎奥运会上首次使用的运动鞋款式。最初的网球鞋，在英国称为"胶底帆布鞋（plimsoll）"，1830年代由利物浦橡胶公司［Liverpool Rubber Company，1925年为邓禄普（Dunlop）收购］生产并作为运动鞋销售。19世纪早期，英国铁路的扩展为海边成千上万个工薪阶层家庭放了假，产品开始以这些新受众为目标。习惯白天穿的皮靴不适合海边，所以穿上了廉价轻便的帆布面、皮底或黄麻底的鞋。由于运动鞋最初的样式容易很快穿破，利物浦橡胶公司用棉帆布鞋面结合橡胶底，并用薄的橡胶带缠绕鞋周，在帆布和橡胶鞋底的连接间起加强作用。

1870年代，这款鞋在英国获得了"胶底帆布鞋（普利姆索尔）"的昵称，因为鞋上的橡胶带和塞缪尔·普利姆索尔（Samuel Plimsoll）发明的用作商船安全措施的普利姆索尔载重吃水线很像。1876年，商会记载英国海岸线视线所及的海面上，远超800艘船只失事，尽管天气条件良好，不安全超载导致最轻微的海浪都能让它们翻船。普利姆索尔载重吃水线油漆在船体外壳上，显示出保持船体稳定可以装载多少重量，这样，对鞋来说，如果水到了普林姆索尔鞋的线以上，就会浸湿穿着者的脚。

20世纪早期，随着女性开始更多地积极参加诸如网球等体育运动，球场上普遍穿网球鞋，橡胶鞋底开始增加花纹以提高抓地力，在游艇上的时候也有好处，所以该鞋成为人们熟知的"甲板鞋（deck shoe）"。网球鞋也成为学校体育课统一服装的必备品。鞋的款型也反映出女性身体体质的提高。它经历了一系列变化：增加橡胶带以增强脚趾部位的寿命，因为大脚趾很容易把帆布顶破；为曲棍球鞋增加了模塑鞋钉，最后发展成曲棍球靴这一独立类型；1912 年，美国公司斯波尔丁（Spalding）制作了天然橡胶抽吸鞋底、黑色袋鼠皮鞋面的高帮运动鞋，成为今天篮球鞋的前身。

网球鞋在美国可以上溯至 1893 年，它第一次在《家庭杂志》（*The Household Magazine*）中提及。在 N.W. 艾尔与儿子广告社（N. W. Ayer & Son）工作的亨利·纳尔逊·麦金尼（Henry Nelson McKinney）创造了"运动鞋（潜行者 sneaker）"的名称，因为橡胶鞋底最适宜四处"潜行"。1916 年，凯迪斯（Keds）成为第一家把网球鞋作为运动鞋销售的品牌，让运动鞋这一术语成为常用语。

网球鞋保持了无须创新的鞋靴经典，把变革留给运动鞋吧，而 2006 年春夏季 Topshop 连锁店引入的混合型鞋则是例外——匕首跟网球鞋，没有一点运动精神的运动鞋，金属匕首跟构成对身体上最大的限制。

上图：

运动休闲

　　肯尼迪姐妹同她们的兄弟约翰一起，穿着美国网球鞋和太阳装站在泳池边。

切尔西靴
（CHELSEA BOOT）

这是永远具有适应性的设计，有效地界于巧妙和随意之间。

——亚历克西斯·彼得里迪斯（Alexis Petridis）于 2009 年 8 月 8 日《卫报》

切尔西靴是侧面嵌入松紧带的合脚踝靴，1837 年维多利亚女王御用靴匠伦敦摄政街的 J. 斯帕克斯—霍尔（J. Sparkes-Hall）发明。该靴具有显著的功能性，有弹力的硫化橡胶使得穿脱靴子都很方便。19 世纪的女性最初穿着，她们觉得用它代替纽扣靴（参见第 145 页）很舒服，斯帕克斯—霍尔描述过女王颇为倾心于自己那双切尔西靴，他解释说"她每天穿着它走路，这足以证明女王对此项发明的珍视。"1851 年，斯帕克斯—霍尔为他的靴子申请专利，展示大英帝国设计和工程进步的万国博览会（the Great Exhibition）同年在水晶宫（Crystal Palace）举行。具有开拓精神的斯帕克斯—霍尔专利橡筋踝靴宣称，正如人们所需要的"既没有鞋带、纽扣，也不用捆束；可以没有任何麻烦或浪费一点时间地立即穿脱"，并摆脱了"通常系紧方式中鞋带断了，纽扣掉了，系洞破了，以及很多不完善之处带来的始终存在的困扰。"到了印度拉贾斯坦邦殖民地首府之后，该靴成为骑马用靴而流行起来，被称为小牧场靴或焦特布尔骑马靴（Jodhpur boots），直到 1914 年第一次世界大战，它都是日常用鞋。19 世纪，在澳大利亚也演变出一款分量更重的靴子，称为布鲁尼（blunnie）或布兰德斯通靴（Blundstone）。

直到 1960 年代，侧边镶有松紧带的靴子才为时尚界接受。英皇道是多姿多彩的伦敦景象的中心，切尔西是适用于任何被当作时尚前沿的事物的昵称，1965 年开业的精品时装屋"切尔西女孩（Chelsea Girl）"就是一例。新的街头一族——摩登派穿着侧边有松紧带的靴子并更名为切尔西靴。1950 年代末期，摩登派现身于苏豪区的环境中，因其对裁剪手艺的挑剔而著名，迷恋英国乡

上图：
大行其道的靴子

到 1960 年代末，切尔西靴成为满足男女青年时尚的标志物。

左页图：
摇滚乐的放荡不羁

1960 年代，摇滚乐中最酷的人物都穿高跟切尔西靴，以鲍勃·迪伦（Bob Dylan，1965 年）为最。

强有力的高台底

阿克瑞斯（Akris）切尔西靴流线型处理的传统橡筋侧帮和鞋跟，体现未来派的感觉（2011年秋冬季）。

下图左：

明星设计的样式

演员克洛艾·塞维内为开幕典礼设计的高跟纳帕皮"娜娜（Nana）"切尔西靴。

下图右：

经典切尔西靴

以木底鞋闻名的品牌"旧样"在传统鞋靴样式再创造方面展示出超凡技艺。

村服饰。他们颠覆了定制西装，用犬牙花纹方格布或马海毛而不是通常的粗呢裁剪服装，为了以消费享乐主义为中心的生活方式和对等级划分报以讽刺立场而接受骑马靴。

在披头士乐队（Beatles）穿着时髦的摩登靴之后，它红极一时，重命名为披头士靴，开始了一直持续到今天的与摇滚乐的联系。约翰·伦农（John Lennon）在阿内尔罗与达维德（Annello and Davide）收获了此靴，这是1922年在考文特花园（Covent Garden）创建的公司，专营手工制作的鞋。受弗拉门科舞蹈启发的古巴式鞋跟安装在切尔西靴上，制成的男性气质高跟鞋（几十年来的首例），其狂热追求者绕着街区排队向这间小定制鞋店购买。滚石乐队、鲍勃·迪伦和近来的莱昂国王（the Kings of Leon）等摇滚乐巨头都穿过这款靴。乔治·卢卡斯（George Lucas）甚至在电影《星球大战》（the Star Wars）前三部中为他的帝国冲锋队穿上切尔西靴，为表达与未来派相适宜的形象，只好把它们喷涂成白色。除了阿内尔罗与达维德，1885年成立于英国凯特林（Kettering）的弗兰克·赖特（Frank Wright）公司作为切尔西靴制作商，在1960年代，构成卡纳比（Carnaby）街景的主要风景，在2010年代，仍然生产"阿德勒（Adler）"和"约克（Yorke）"型号。如今，切尔西靴已成为男人衣柜的主要部分，讽刺的是，女性除了在骑马时，却很少穿这款靴了。

纽扣靴（BUTTON BOOT）

> 闪亮的红色鞋底没什么作用，除了能在众人堆里认出是我的鞋。
>
> ——克里斯蒂安·卢布坦

自 19 世纪中期至 20 世纪早期，靴子或半长靴是各类男女都能接受的日常鞋。纽扣靴用皮革制成，夏季或可用轻质帆布，正面皮质鞋舌之上有扣紧的成排纽扣，低跟。纽扣封口让靴子紧密贴脚，保持脚部暖和干燥，还能为踝部提供良好支撑。女式纽扣靴发展成脚的"紧身衣"，在 1870～1914 年期间达到精心制作的极致，每只靴最多的时候有 25 颗纽扣。

用于扣住纽扣的纽扣钩是末端有挂钩，长度各异的钢质叉状物。维多利亚时代，纽扣钩是极富装饰性的物件，最昂贵的用贵金属制作，并以宝石镶嵌。叉状物穿过靴子上的扣眼，放置在扣柄周围。手腕的快速拉动和扭动，纽扣就穿过扣眼，牢牢地扣住，有些纽扣 1 英尺长，太需要穿严实的紧身鞋的女性或者弯腰都困难的胖子用得着。扣上靴扣是件困难事，作家艾琳·伊莱亚斯（Eileen Elias）在 1910 年时义正词严地描写到，"扣眼太紧了，就像个小细缝，会弄伤手指，又不总是有纽扣钩。即便有，也总是把纽扣系错扣眼。我得坐下来费劲地穿纽扣靴，还要忍住不哭。经常只能扣到一半就走上马路，假装看不见那些嘲笑和瞥见的眼神。"

靴子的紧身合脚看起来非常优雅，但它曾经一天到晚都不能调整，如果脚变胖了很痛苦。在家时，大总管、管家或保姆一直把纽扣钩留在身边，系在腰链上（腰链是围在腰间的链带，钥匙、剪刀之类各种居家用具挂在其上）。

到世纪之交，靴子上安装了更多的纽扣，若不是有最纤细最灵巧的手指，系扣子就更困难了，它开始退出男性时装。小纽扣扣件成为女性服装和鞋靴的主流，各种扣钩成为必需品。作家格温·雷夫拉特（Gwen

上图：
复兴

此靴在 1950 年代以怀旧风格的新风采时尚款式形成一次短暂的回归。尤利亚内里（Julianelli）的黑色绸缎靴，一起的还有纽扣钩。

左页图：
恋物癖遇上时尚

卢布坦以这对极致性感的靴子重新唤起对美好年代漂亮情人的回忆。

Raverat）在回忆 19 世纪晚期她童年的传记《老古董》（*Period Piece*）中认为“纽扣中一定有某种贵族气质，所有可以系与不系纽扣的东西都天生如此；纽扣不限于缝在睡衣前面，在袖子上，在紧身胸衣和内裤上，纽扣无所不在。发现衣服可以套头穿的不知名的天才还没降生；同样发现松紧带的天才也还没出现。”正如雷夫拉特意识到的，纽扣能证明一个人有时间也有金钱，有钱才能雇仆人帮他穿衣服，有时间才能系上所有纽扣，而穿着前面系带靴的城市贫民的时间是用来干活的。前面系扣的靴子正明显成为性别化的物品，雷夫拉特叙述“自己真想有双系带铜钩较少的合适的男孩靴，太强烈地想要了。我的都是纽扣靴，我觉得太女人气。过去的纽扣有一大排，那时查尔斯也穿了一双我的旧纽扣靴，我们都觉得那是对他性别的侮辱。”

我的工作核心不是致力于满足女人的欢心，而是让所有人高兴。

——克里斯蒂安·卢布坦

随着纽扣靴远离男性鞋靴时尚，作为一款迷人的服饰品，一定程度上缘于“吉布森少女”受到大众的欢迎，它开始获得声誉。插画家查尔斯·达纳·吉布森（Charles Dana Gibson）于 1890 年创作了这个爱德华时代的人物形象，穿着细褶短衫、隆重装扮的发式、有裙撑的裙子以及圆齿边缘的纽扣靴，她成为新美国女性极受赞同的代表。

到 1920 年代，随着都市鞋的兴起，纽扣靴开始黯然失色，直到 1970 年代再次出现，连同正面系带的 19 世纪款踝靴一起被称为“祖母靴”。先前华丽的提带构造成松紧带，装上了低堆垛跟或路易斯跟。如今，它们有复古的吸引力，婚礼上还很流行，但是，由于穿上它太费时间，这种吸引力很有限，它不适宜 21 世纪文化的快节奏。也有例外，克里斯蒂安·卢布坦的“龙菲菲（Ronfifi）百粒纽扣靴”在高筒黑色皮质靴子上，混合金色金属扣和军品特征，结合他的个性化特点的红鞋底和 4 英寸高匕首跟，投现代恋物癖之所好；纽扣靴还是包括哥特摇滚和蒸汽朋克（Steampunk）的很多街头部落反主流文化的统一服饰。

　　蒸汽朋克的追随者，网络朋克类型的一个分支，痴迷于维多利亚时代的科幻小说，特别是儒勒·凡尔纳（Jules Verne）和 H.G. 韦尔斯（H. G. Wells），以及与早期科技探索、工业化有关的作家的作品。蒸汽朋克回顾维多利亚时代，而不是虚构未来，去创作"假定推测"的情节，比如把计算机或原子弹放到狄更斯时代的伦敦。这个未来主义的"复兴维多利亚时代风尚"在互联网上有其发源地，对日本动漫，如 2004 年电影《哈尔的移动城堡》（*Howl's Moving Castle*）和哥特式萝莉运动分支的优雅哥特贵族产生了影响。狂热爱好者在服饰选择上没有严格的条框，但是某种维多利亚时代风格的服装会受到青睐，包括女性紧身胸衣和带衬的裙、双排扣长礼服或男式军品影响的全套服装，装饰以怀表、阳伞、未来派的护目镜和像机器人的身体部位。纽扣靴具有直接的怀旧魅力，加之原型离开时尚太久了，显得有些古怪。悦人鞋（Pleaser Shoe）销售侧装纽扣的复兴维多利亚时代风格靴，杏仁形鞋包头、低路易斯跟；回转乌托邦（UturnUtopia）添加隐形拉链绕过系扣的问题。

船鞋（PUMP）

穿上高跟鞋，你就改变了。

——莫罗·伯拉尼克（Manolo Blahnik）

船鞋，在欧洲也叫船形高跟浅帮女鞋，是一款没有鞋扣带的实用型低帮正装鞋，可以轻松地穿上脱下。其名称出自法语"pompe"或"pump"，据说是缘于首位为巴黎消防部门制作皮质水桶的鞋匠。船鞋朴素的造型意味着能够接纳多种形式的装饰或搭配各种鞋跟，这便是该款式从不过时的原因。

1860年代，随着船鞋从地区性鞋匠产业或贵得多的"制鞋匠（bottiers）"（与巴黎时装设计师合作的鞋匠）的小规模制作转变为利用工厂生产的产品，它的兴起反射出制鞋技术的进步。为保证合脚，船鞋需要精心制作，在没有鞋扣、襻带或鞋带辅助的情况下，要能穿得住，所以船鞋才会很贵。维多利亚时代穿着考究的绅士跳舞时穿亮光黑色漆皮低跟船鞋，但这种鞋并非如便鞋式凉鞋或纽扣靴一样用作日间鞋。1850年代，一种缝制皮革的美国机器投入使用，至1860年代，鞋底和沿条的缝制都已机械化，开始了鞋的批量生产之路，船鞋也极尽可能地拥有更多的支持者。鞋跟变高了，跗面裁剪得很高，鞋面采用皮革、帆布或织物制成。

鞋底和鞋跟带有沿口的便鞋规律性地成为街头鞋，而不局限于闺房之时，"船鞋（pump）"一词得以应用。该名称一般用于女鞋，而不是1906年前后男性跳舞用船鞋。在制鞋工人手里，用上带刺绣和有珠饰的手工染色丝绸鞋面，前面用克伦威尔式（Cromwellian）纽扣，再加上雕刻的高鞋跟，船鞋就变成一件高成本的买卖。1900年代，穿路易斯跟船鞋，鞋包头在长裙底边隐约可见，而到了1920年代和1930年代，随着裙边越来越短，腿露了出来，这种款式的鞋更受欢迎了，因其没有扣带跨过跗面，形成修长的效果，腿显得更长了，它

上图：

高端奢华的好莱坞

在电影《封面女郎》（Cover Girl，1944年）场景中穿着船鞋的丽塔·海沃思（Rita Hayworth）。在她整个职业生涯中，她的鞋都出自戴维·埃文斯。

左页图：

D&G（2011年秋冬季）

1950年代典型船鞋的比例张扬着匕首跟和尖形鞋头。

上图：

摩天高跟鞋

尼古拉斯·柯克伍德为 2012 年春夏季创作的暗厚底超高花卉图案船鞋，受维维亚启发的雕塑般的鞋跟。

便成为玛丽珍鞋时髦的替代品。船鞋可以用各种材料制作：1930 年代，安德烈·佩鲁贾用金色小山羊皮制作了精美的晚宴用船鞋，前帮正面完美结合了斜针绣品（petit point），体现洛可可风情；其他受到青睐的材料如刺绣丝绸和蛇皮。

1940 年代，服务于明星的鞋靴设计师，纽约人戴维·埃文斯被时尚媒体称为"船鞋之王"，最著名的是他那优雅的简约主义鞋品，丽塔·海沃思、阿瓦·加德纳（Ava Gardner）及马琳·黛德丽（Marlene Dietrich）都穿过。埃文斯开始他鞋靴职业生涯几乎是出于偶然，那时他为《时尚》杂志做时装插图画家，为了更好看，他画的时候修改了一些鞋的样式。因为他"散发臭味的艺术发挥"的结果，他被编辑解雇了，并被告知如果这么喜欢设计鞋，就应该去干那行。跟很多制作商讨教了生意经之后，1947 年，埃文斯在纽约开办了自己的工厂，到 1948 年，他因"壳（Shell）"船鞋而赢得科蒂大奖（Coty Award），这是一款第一次露出脚趾缝的浅帮船形鞋。1950 年代早期，埃文斯的目标是使女性的船鞋更轻更舒适，这引出"6 盎司"船鞋的创作——奢华的手工鞋，售价是高品质鞋标准价的三倍。这一款式在 1987 年随着"开司米（Cashmere）"船鞋的发布而得以重现，其广告宣传为"在轻盈、合脚与流动的舒适性上非常独到的创新"。该鞋为黑色漆皮或海军蓝小山羊皮，一英尺半"步行"跟，成为完美的行政主管鞋。美国前总统罗纳德·里根的夫人南希·里根（Nancy Reagan）穿着埃文斯的船鞋参加丈夫的就职典礼，作为第一夫人期间，她每年定购 6 双埃文斯船鞋，根据脚对环境的反应，3 个尺码两种款型来满足不同气候

及纬度地区穿着需要：在寒冷地区穿 6 号，在华盛顿穿 7 号，在空军一号上就穿 8 号。

取代了高台底鞋，船鞋在 1950 年代大行其道，可以白天穿包皮木质跟船鞋，鸡尾酒时间又可以穿魅力十足的黑色山东丝绸匕首跟船鞋，配上顶风趣的小帽。罗杰·维维亚的船鞋鞋面开口最低，最没有节制的珠饰，他那无处不在的"香客船鞋（Pilgrim Pump）"（参见第 238 页）成为 1960 年代的奇迹，同样还有贝丝·莱文 1966 年带莱茵石鞋包头的透明塑料船鞋。1970 年代流行小山羊皮匕首跟船鞋，1980 年代，莫德·弗里宗的浅粉红色或红色圆锥形跟船鞋以权力巅峰的装扮挺进很多董事会的会议室。如今，马诺洛·布拉赫尼克以船鞋设计而闻名，克里斯蒂安·卢布坦的"非常私有（Very Prive）"船鞋因高耸的鞋跟变得世人皆知。船鞋看似平庸低调的设计，世界上很多最具标志性的鞋却都是船鞋，从南希·里根的埃文斯就职船鞋到格雷丝·凯利同摩纳哥王子雷尼尔（Prince Rainier of Monaco）的结婚典礼而准备的布满珍珠的婚礼船鞋。八卦新闻的专栏记者瓦尔特·温切尔（Walter Winchell）当时评论说，"戴维·埃文斯正在打造格雷丝的婚礼鞋—低跟鞋。这样，尊贵的殿下在圣坛旁不至于像个小矮人。"不过，温切尔还是弄错了，格雷丝的鞋是两个半英寸高跟的经典船鞋。1939 年，16 岁的朱迪·加兰在电影《绿野仙踪》（The Wizard of Oz）中穿着红宝石色堆垛跟船鞋（虽然人们叫它便鞋）叩击着鞋跟——这些最著名的鞋都是出自传奇般好莱坞服饰供应商阿德里安（Adrian）的设计，2000 年，在拍卖会上以 66.6 万美元售出。

下图从左至右：
伊夫·圣·洛朗，1987 年
　　轮廓鲜明的船鞋，蓝色漆皮小山羊皮与白色模压蜥蜴纹小牛皮。
伊夫·圣·洛朗，1988 年
　　带紫红色和黄色打卷小山羊皮细部装饰的灰色小山羊皮尖头船鞋。
伊夫·圣·洛朗，1990 年
　　黄色云纹织锦缎的 V 字鞋口扇贝形沿口的船鞋。
拉林（Larin），2011 年
　　伴随拉林鞋的是商标语"说变就变"，所以它的配饰品是可以更换的。
卢布坦，2012 年
　　这件通体蕾丝花纹的船鞋出自品牌"非常私有"的作品集。
哈迪，2012 年
　　皮埃尔·哈迪采用蓝绿色和深绿色绒面小山羊皮玄妙变化的色彩制作最新式船鞋。

牛仔靴（COWBOY BOOT）

> 走起路来发出噪音，那是一种有力而令人不安的声音。一双完美的牛仔靴比什么都惹眼。
>
> ——作家兼牛仔靴专家珍妮弗·琼（Jennifer June）

技艺娴熟、粗犷刚毅的德克萨斯牛仔骑行在格兰德河（Rio Grande）的小路上，驱赶着长角牛群，这是美国文化中形成难以置信的有共鸣的形象。牛仔原型是墨西哥"放牧人（vaquero）"，在牧群中因为勇敢而受到敬畏的骑手。放牧人每年驱赶着数量巨大的羊群从散布在新墨西哥的大庄园经过 1000 英里到奇瓦瓦（Chihuahua），这是让人精疲力竭的行程，需要专业能力。到 18 世纪的德克萨斯，人们需要这种技能管理国家大量的长角牛群，传承给美洲原住民和白人定居者，即最早的牛仔的技能。

1865 年，美国内战结束时，随着越来越多的畜群开始向外输出，能迎合牛仔需要的一款靴子也渐渐成型：为便于蹬入马镫，它的靴头瘦削；为能蹬住马镫的镫杆，它有低矮的倒锥形鞋跟，还配有钢质钩心的足弓。厚实的皮革能保护牛仔的脚，避免响尾蛇咬伤、仙人掌针刺、马鞍的擦伤；升高的侧边能保护裤子不被灌木和豆科荆棘撕破。最重要的是，如果牛仔摔下马，宽靴口和平滑的皮革鞋底能让他安全、快速地把脚从靴子里或是将靴子从马镫上抽出来。

1870 年，堪萨斯州科菲维尔（Coffeyville）的约翰·库柏恩（John Cubine）把设计向前推进了一大步，他把威灵顿长靴和军靴结合起来创作了高腰无里衬蜡皮古巴跟的科菲维尔靴，并配上缝制的提带。从 1870 年代以后，像堪萨斯海尔（Hyer）兄弟皮靴公司（1880 年）的查尔斯·海尔（Charles Hyer）这样的很多制靴商都复制并修改科菲维尔靴。创新之处包括丰满的扇贝形鞋口和高古巴跟。海尔在靴子上采用了早期装饰性细节之一：鞋包头起皱，缝制在靴子前端的一块衬里，形成花卉或鸢尾花形

上图：

牛仔明星

好莱坞牛仔（约 1920 年）汤姆·米克斯（Tom Mix）预示着高度装饰的牛仔靴时代的到来。

左页图：

情人节牛仔女郎

玛丽莲·梦露在早期宣传照（1952 年）中炫耀着作为牛仔女郎全套装备一部分的牛仔靴。

右页图：

超级美国

2011 年春夏季，阿希什（Ashish）把牛仔帽和西部式样的衬衫同装饰着取自墨西哥亡灵节（Mexican Day of the Dead）的骷髅图案的靴子搭配在一起。

下图：

古巴跟

生于德里，立足于伦敦的时装设计师阿希什于 2011 年发布了一系列牛仔靴。

纹章图形，它成为制靴人个性化的标志。这个缝合的线脚也有作用：使靴子的皮革保持挺括，天长日久仍能保持原样，而不会松懈变形。

这款靴子在好莱坞的影棚里飞黄腾达了，作为充满幻想的鞋靴，与它在狂野西部时的本源联系并不大。牛仔成为收音机和电影里第一位公众英雄：布龙科·比利（Bronco Billy）、汤姆·米克斯，还有唱歌的牛仔罗伊·罗杰斯（Roy Rogers）与吉恩·奥特里（Gene Autry）都是家喻户晓的名字，色彩丰富的皮革制成高度装饰的靴子形成他们阳刚魅力的重要部分。1920 年代，牛仔靴镶嵌几何形装饰品，而到了 1940 年代，则是能带来飞翔幻想的螺旋形，包括鹰、北美野马、蝴蝶，甚至还有石油井架。

1950 年代，美国牛仔传统在竞技者中表达出来，参赛者采用夸张的牛仔形象以吸引看台上广大狂热的牛仔崇拜者们。烈马骑手穿着装饰鲜丽的靴子，它们通过各种途径来到位于田纳西州纳什维尔（Nashiville）生机勃勃的西部乡村音乐现场，穿在男男女女的脚上。牛仔竞技明星琼·艾沃里（June Ivory）穿着一双紫色小牛皮靴，前帮和鞋面上覆盖着粉红玫瑰和镶嵌金箔的 Z 字形图案。

知名的制靴商包括贾斯廷（Justin），这是 1875 年创立于奇泽姆小路（Chisholm Trail）尽端的一家从事小型修靴营生的商号，牛仔们把要修的靴子留下，返回的路上取回。别的制靴商还有托尼·拉马（Tony Lama），为给驻扎在德克萨斯州布利斯堡（Fort Bliss）的士兵修理靴子而加入美军的鞋匠。1911 年，拉马在厄尔巴索（El Paso）创办了制作定制靴的业务，1930 年代，西部服饰（Westernwear）商店为迎合来观光牧场度假的游客的需要，开始进他的货，他的买卖兴旺起来。艾克米（Acme，1929 年）和诺孔娜（Nocona）制靴公司（1925 年）连同海尔（参见第 153 页）组成今日闻名的五强（Big Five），最优质的正宗牛仔靴供货商。1940 年代，德克萨斯的卢凯塞公司（Lucchese Company）推出了很多人认为是牛仔靴设计的顶尖之作，48 只靴子组成的一套，镶嵌着美国各州州议会大厦、州花、州旗和州鸟，以此向每一个州致意。

在整个战后年代里，及膝长靴、长筒女靴和戈戈靴占据女性时装的 1960 年代，牛仔靴未触及主流时尚，仍然是非常美国化的现象。到 1960 年代

晚期，牛仔靴变得精炼了，更加结实可靠，很少装饰，鞋跟很低。它体现了更加严肃的传承内容，象征着在嬉皮士反主流文化中所赞美的迷失的美国，因此，包括吉米·亨德里克斯、弗兰克·扎帕（Frank Zappa）和贾尼斯·乔普林在内，过去很多摇滚乐主要风格的代表人物都穿牛仔靴。

如果有这样的靴子，早就征服西部了。

——塞西尔·B. 德米耶（Cecil B. DeMille）谈及 1920 年代
萨尔瓦托雷·菲拉格慕的牛仔靴

在整个 1970 年代，纳什维尔（Nashville）和竞技表演者之外，牛仔靴保持着严肃的鞋靴取向，牛仔靴在 T 台上的首次露面是由拉尔夫·劳伦在他 1970 年代"西部"作品集中展现的。这一切在 1980 年随着电影《都市牛仔》（Urban Cowboy）的上映都改变了，领衔主演约翰·特拉沃尔塔和德布拉·温格（Debra Winger）在影片中始终穿着牛仔靴。该片全球化的成功使牛仔靴迅速流行起来，其结果是在美国据估计售出 1700 万双。1985 年的电影《壮志凌云》（Top Gun）又一次推高了销售，汤姆·克鲁斯（Tom Cruise）在片中穿着一双旧式的镶嵌装饰靴昂首阔步。女士们穿着低腰、镶嵌莱茵石款的白色皮靴，搭配迷你裙和堆堆袜；男孩子们穿着退了色的李维斯牛仔裤和亮白色 T 恤，装饰性细节甚至进入鞋靴，用相同的线脚和金属鞋外包头形成"混血"的牛仔靴。

随着都市牛仔热的退潮，销售也明显下降了，直到 1990 年恰逢经济衰退之时美国人购买了 1200 万双，一个新的真实性进入时尚。1980 年代末期，富有魅力的受"王朝"影响的风格占主导地位，作为对此的反应，拉尔夫·劳伦继续从狂野西部中寻找灵感。他的绗缝毯状大衣搭配蓝色牛仔裤和牛仔靴是颇具实力的西装和高跟鞋的新颖替代品，它们总是能让人想起作为美国人传统的、艰难的独立自主。其他跟风的设计师包括 1999 年秋冬季发布圣丹斯时尚（Sundance Chic）作品集的迈克尔·科尔斯，不过，牛仔靴最离奇的表现形式出自安德烈亚·菲斯特，他创作了超现实凤梨图案牛仔靴，并配有凤梨形鞋跟。

　　包括枪与玫瑰乐队（Guns N' Roses）、克鲁小丑合唱团（Motley Crue）和邦·约维乐队（Bon Jovi）在内的重金属明星也以更离经叛道的表现，而不是时尚的方式推广了牛仔靴——桀骜不驯的黑色皮革、带银色金属包头的尖形鞋头。牛仔靴以各种形式走入主流，有格斯（Guess）和肯尼思·科尔（Kenneth Cole）生产的低帮靴子样高跟鞋；拉雷多制靴（Laredo Boots）发布了70多款女靴，鲜艳的色彩搭配如亮粉色和有黑色圆点图案的红色。

　　现在的牛仔靴分为三种基本类型：定制商店中手工制作的，如德克萨斯州奥斯汀（Austin）的查利·邓恩（Charlie Dunn）的店铺，能适合个人的大小；大型工厂制作的正宗造型，如托尼·拉马和贾斯汀，从19世纪平凡的出身发展而来；还有随一时的兴致和变幻莫测的时尚而改变的牛仔靴，如弗莱（Fly）、拉勒杜泰（La Redoute）及舒（Schuh）等制作商。在2000年代，来来去去试水西部风格的时装设计师，包括2009年的安娜苏，2011年采用闪烁的金色皮革创作经典高帮牛仔靴的纪梵希，还有定期展示款型的罗伯特·卡瓦利（Robert Cavalli）。牛仔靴可用耐磨的小牛皮或奢华的稀有面料，如鳄鱼皮、黄貂鱼皮、蜥蜴皮、鸵鸟皮，甚至水牛皮制成，装饰精美的鞋面受到德克萨斯这样石油储量丰富的州的都市牛仔的喜爱。相对具有讽刺意味的是，目前，很少有骑马人穿它。

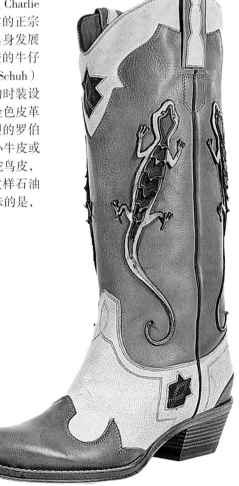

左页图：

巴黎牛仔女郎

　　伊夫·圣·洛朗的带流苏装饰细节的绿色与褐色小山羊皮牛仔靴。

右图：

都市牛仔

　　拉尔夫·劳伦的高帮酒红色和奶油色皮革牛仔靴，饰以蜥蜴图形装饰细节。

观众鞋（SPECTATOR）

看看这全套装备：阿斯泰尔穿着单排扣西装、双色观众鞋和高翻领毛衣。多时髦啊！

——G. 布鲁斯·博耶（G. Bruce Boyer）在 1999 年 5 月 3 日
《福布斯》（*Forbes*）杂志关于"怎么穿？"

观众鞋是与运动有关的男女两用鞋，其名字得自赛事活动时站在场外的观众。据说，最初的双色调款式是约翰·洛布于 1868 年的创作，用作板球鞋，白色与重点部位的其他颜色皮革相结合，或是皮革搭配彩色帆布或华达呢。"观众鞋"一词现在指的是鞋外包头、后帮及跗面处采用黑色、棕褐色或黄褐色皮革，前帮和侧帮采用白色或黄褐色小山羊皮或鹿皮的双色牛津鞋。

1920 年代，十年间冷静的裁判、非裔美国爵士乐手、在芝加哥匪帮和走私者拥有的后街夜总会演奏的声名狼藉的夜猫子都穿这种鞋，观众鞋开始流行起来。这些人看起来风流倜傥：厄尔·海因斯（Earl Hines）以外表作为娱乐圈的宣传形式，在经济大萧条隐约可见之时赢得迫切需要的工作；杰利·罗尔·莫顿（Jelly Roll Morton）把服饰用作演出时的主要部分，一位观察家注意到，一上台，他就"脱掉外套。别致的衬里会引起大家注意。所以他没有叠起外套，而是反过来，纵长地铺在笔直的钢琴顶面上。他做得很慢、很仔细也很庄重，就像外套很贵重，必须轻拿轻放。"观众鞋是牛津日间鞋的变身，有这些不拘俗套的表演者希望表达的恰当的品牌荣耀，巴锡伯爵（Count Basie）、埃林顿公爵（Duke Ellington）和路易斯·阿姆斯特朗（Louis Armstrong）在内的很多音乐家都穿过此鞋。

1875 年创建的公司斯泰西·亚当斯（Stacy Adams）在 1930 年代推出了很多惹眼的观众鞋款式，包括经典的"代顿观众鞋（Dayton Spectator）"，现在仍然可以买到，采用白色皮革鞋面上结合亮红色或黑色漆皮皮革。1928 年创建于芝加哥的可汗，1988 年被耐克收购后，仍在生

上图：

1940 年代的观众鞋

纳恩—布什（Nunn-Bush）自 1912 年就开始制鞋，是观众鞋颇受欢迎的经销商。

左页图：

爵士观众鞋

路易斯·阿姆斯特朗在 1940 年展现着观众鞋，在衣冠楚楚的爵士乐手中，这是重要的鞋靴式样。

产受两战时期最初设计启发的鞋。

爵士乐团体之外，受雇从事女仆、工厂工人和劳工等低级工作的美国黑人周末甩掉制服，穿上自己的华丽服饰，拾回对自己身体的掌握，去趟教堂再逛逛街。在两种社会互动中，观众鞋成为重要的服饰标志，鞋子艳丽的外形很惹眼，能让人脱颖而出。从那时起它一直如此，迪斯科流行的年代，如同蓝调音乐一直以来的“暴发户”形象，观众鞋也提升至前台。迪斯科乐队风尚的伯纳德·爱德华兹（Bernard Edwards）和尼莱·罗杰斯（Nile Rodgers）记起1977年在声名狼藉的54演播室参加格雷丝·琼斯（Grace Jones）的演出现场扎着黑领带：“我穿着切鲁蒂（Cerutti）晚礼服，伯纳德穿着阿玛尼（Armani）。简直帅死了。我很可能穿着件硬翻领衬衫，但不是带花边的。用装饰钉打褶。全套装扮。观众鞋。要知道，是双色的！我们就要装扮得时尚。我们想捕捉到时尚！”如今，这款鞋仍受到非裔美国巨星们的喜爱，比如说唱歌手斯努普·多格（Snoop Dogg），他们简直成了它的商标。

下图：

古巴跟观众鞋

Camper更新了传统观众鞋的设计，增加了古巴跟和极简主义的花边。

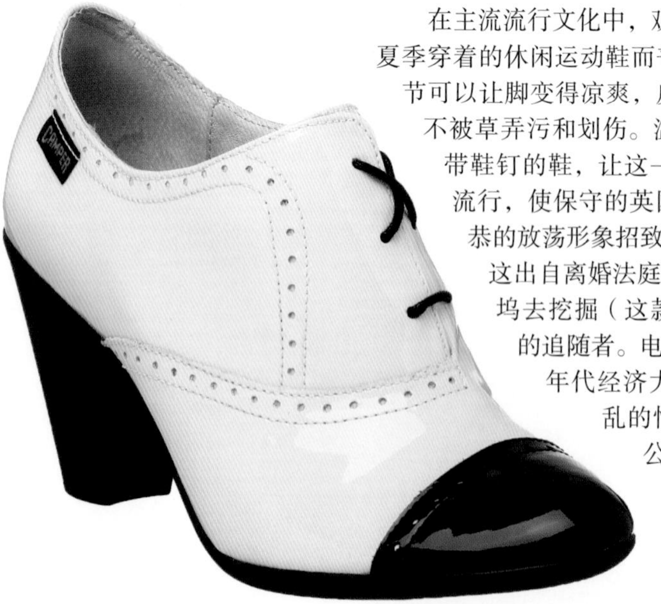

我总穿平底鞋，穿别的鞋不会走路。

——萨迪·弗罗斯特（Sadie Frost）

在主流流行文化中，观众鞋在1930年代作为一款春夏季穿着的休闲运动鞋而普及；装饰性气孔在炎热的季节可以让脚变得凉爽，皮革衬垫能保护鞋的白色部分不被草弄污和划伤。温莎公爵在高尔夫球场上穿着带鞋钉的鞋，让这一形象在放荡不羁的年轻人中流行，使保守的英国公众吃惊不小。此鞋玩世不恭的放荡形象招致在英国改名为“同流合污”，这出自离婚法庭上的不贞男女。它们需要好莱坞去挖掘（这款鞋的）魅力，以获得更广大的追随者。电影明星成为新一代名流，1930年代经济大萧条时期，在社会和经济混乱的情况下，渴望任何形式娱乐的公众贪婪地消费着有关他们的炫丽好莱坞生活方式的新闻报道。温文尔雅的屏幕明星

弗雷德·阿斯泰尔和吉米·卡格尼（Jimmy Cagney）穿着观众鞋在舞池中旋转，鞋的双色效果在黑白电影里能完美地把注意力集中到脚上。在女性时装中，量身定做的褶裙需要有时髦的日间船鞋来配，观众鞋时髦、活泼又有动感的形象正相宜，其中最前卫的那些是亮光黑色漆皮和明艳色彩的爬行动物皮革搭配的结果。此鞋在 1950 年代为常春藤盟校（Ivy League）的学生们接受，获得了校园风形象，1960 年代，从流行的女性鞋靴中消失，只是在 1977 年电影《安妮·霍尔》（Annie Hall）上映之后才又恢复势力。演员戴安娜·基顿（Diane Keaton）用一种从经典男式鞋靴，包括观众鞋中获得灵感的形象，引起一场时尚的轰动。制鞋商把它们变成鞋跟和大胆色彩的结合，1980 年代，以带鞋跟的观赛船鞋的形式达到流行的高潮。

　　1971 年，亚当斯被维科（Weyco）集团收购，这是一家重要的男鞋和童鞋生产商、采购商和营销商，从旧的商品品类到适合古董级的客户群，尤其是"秋千恋人"，作为正宗的复古风格供应商而面向市场的。它是成功的，平均年销售量达到 20 万双，切实提高了公司的盈利。1850 年威廉·A.达德利（William A. Dudley）在新泽西州纽瓦克市（Newark）创建的约翰斯顿—墨菲预见了这一趋势，他们出售的观众鞋为白色鹿皮搭配棕褐色或黑色修边。公司在广告宣传中用上了音乐家温顿·马萨利斯（Wynton Marsalis），敏锐地追溯到该款式的爵士乐根源。

恋物癖鞋（FETISH SHOE）

> 世界上恋物癖者是最不幸的生物，他们渴望女人的鞋，又不得不勉强接受整个女人。
>
> ——卡尔·克劳斯（Karl Kraus）

恋物癖鞋的起源复杂且多层次。按照精神分析学家西格蒙德·弗洛伊德的说法，把鞋作为性欲对象的冲动源自童年时期，他在1927年阐述了早期性发育阶段的男孩察觉母亲没有阴茎，是如何导致恋物的。害怕自身可能遭受阉割，因为如果确实发生在他妈妈身上，也可能发生在他身上，他发明了替代品，这成了恋物对象，没有它，任何性快感都会处在焦虑中。

是什么构成了最为情色特征的脚和鞋的问题已经争论了几代人，但纵观历史和文化，其自身特点反复出现。脚应该是秀丽完美的，很多情况都是穿紧鞋。最初的恋物癖鞋就是普通鞋款型的夸张版：鞋跟出奇的高，系带靴的鞋眼过分地多，高台底鞋高耸上天、色彩艳丽、表面超光亮，超大尺寸的鞋带扣。经过有意识地设计的恋物癖鞋最早走进卧室是在1890年代，被称为"摇摆鞋"或"闺房鞋"，是建立在对17世纪克伦威尔鞋（Cromwell shoe）浪漫的幻想基础上的。超高的木质鞋跟意味着只能在家穿，因为不可能穿着它走路，由此而得名。鞋的设计使身体向前倾斜成极为女性化的体形，形成对裙摆底部俏皮的窥视，显露出脚部最细微之处。

1930年代，摄影师约翰·威利（John Willie）正式推出《伦敦生活》（*London Life*）和《奇异》（*Bizarre*）这类杂志，这是些深谙恋物癖鞋穿在挥舞着鞭子的蛇蝎美人脚上会有怎样的威势的杂志，组织得更正规的恋物癖活动开始了。同样施虐的悍妇在插画家埃里克·斯坦顿的作品中也能见到，他选择的恋物癖鞋是极度高跟的船鞋。到20世纪50年代，匕首跟进入恋物癖鞋的词典，根据那十年间为《奇异》杂志撰稿的保拉·桑切斯（Paula Sanchez）说，狂热者的重要特征之一是它改变了穿着者

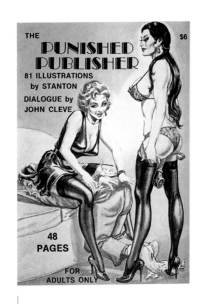

上图：

屈服

插图画家埃里克·斯坦顿（Eric Stanton）在1950年代期间为很多先锋派的恋物癖书刊绘画，描绘最尖利的鞋跟。

左页图：

完全控制

恋物癖鞋的高跟就是用来在限制活动的同时强调其身体的。

上图：

束腿

　　19世纪中期白色与红色皮革的"摇摆鞋（staggerer）"，最早的恋物癖鞋之一，与其说用来行走，不如说是摆造型用的。

走路的方式："超高跟鞋发出的细微震颤引起丰满突出的胸部惹眼的颤动波。臀部两侧交替扭动，为支撑体重，向伸出脚的一侧摇摆……这个类似跳呼啦圈舞的动作变成无意识的。"

　　当恋物癖的鞋跟变得小到不能再小，足跟的支撑急剧减少。这样，脚踝就要承担额外的作用，因而，戴维·孔兹（David Kunzle）在《时尚与拜物教》（Fashion and Fetishism，1982年）中称之为"侧摆"。恋物癖鞋的设计在于突出女性体形，同时限制活动，女性以最具性诱惑力的形象出现却不能活动，这种终极设计在脚上限制了活动范围，束缚穿着者行走，同时，为保持平衡，前胸后臀竞相突出，迫使体形变成极富诱惑力的女性身材。鞋跟的极致高度传递出精神上的力量，形成主导性的阳物崇拜表现出的性的力量。

　　1960年代，时尚界筹划着同这一禁区眉来眼去。奇装异服、过膝长靴和皮质紧身连衣裤穿越进入主流时尚，很多服装出自专业公司的制作，比如服装设计师约翰·萨克利夫（John Sutcliffe）运作的原子时代（AtomAge）。到1970年代，夸张的高台底和踝带使恋物癖鞋达到令人眩晕的程度，至70年代末期，维维恩·韦斯特伍德便已直接把从SM先锋派团体中借鉴的内容用于她1976年"奴役"作品集中。受到脱衣舞女、男扮女装的演艺人员和奴役狂频繁出没的苏豪区路易丝（Louise's）性俱乐部的启发，韦斯特伍德采用皮带、带扣、皮革和豹皮创作震撼英格兰中部地区的鞋和靴，宣称"性比所有东西都让英国民众感到烦扰，就从这向它进攻吧。"

　　鞋靴设计师克里斯蒂安·卢布坦也熟知恋物癖鞋的威力，他最早的记忆之一是十岁时在巴黎月亮公园（Lunar Park），看见"一位破烂不堪的女人，一身黑，像金·诺瓦克（Kim Novak）一样的大蓬头。她穿着黑色'裙套装'（tailleur），黑色长筒袜后面裂了条缝。尖尖的高跟鞋，我简直不能相信！我跟着她，确切地说是跟着她的鞋走了半个小时。一个家伙在一个地方揪住我肩膀，踢我屁股，跟我说，'你！滚开！'原来我一直跟着个妓女。"他成功地抓住妓女恋物癖鞋的元素，超高跟和亮光黑色与红色漆皮，并转换到定制鞋的设计中，其中就有维多利亚·贝克汉姆2011年参加威廉王子和凯特·米德尔顿婚礼时穿的那双鞋。2007年，卢布坦与电影导演戴维·林奇（David Lynch）合作，为一系列照片创作了恋物癖鞋，这些照片在巴黎通道画廊（Galerie du Passage）展出，主题为恋物癖。没有了实用性的压力限制，卢布坦超越了设计的极限，采用包括10英寸高跟和两只鞋在鞋跟处连成一体的双连鞋跟（Siamese heels）。

下图：
面具背后
鲁道夫·阿扎罗（Rodolfo Azaro）于1978年为英国工艺品委员会改造的"裸女"鞋。

已经成为必备物品，在更高阶段的学习生涯里也仍然如此。"1949 年，布朗鞋业公司（Brown Shoe Company，创建于 1904 年）销售了 37 款鞍形鞋，该鞋开始出现在校园以外战后的舞厅中，穿短袜跳吉特巴舞的女郎穿着它。

　　到 1990 年代，鞍形鞋差不多要停产了，艾伦和玛格丽特"玛菲（Muffy）"马歇尔这三三两两的狂热追随者决心要复兴这个款式。1996 年，他们偶然发现了已故制作商卡尔制鞋（Karl Shoes）存有 600 双原产品的货栈，就开始在线销售这些鞋。现在，玛菲已经是著名的传统鞍形鞋供货商，由于摇摆舞文化的盛行而拥有众多狂热鞋迷。最近，随着对常春藤联盟款式的兴趣开始复苏，鞍形鞋在日本重新露面，2009 年，鞋设计师鲁珀特·桑德森发布了男鞋女鞋的"鞍形 O（Saddled O）"系列，说他"已经预感到人们厌倦了训练鞋，对纯运动起家的鞋的理念正感觉良好。"

　　鉴于对传统款式的兴趣方兴未艾，G.H. 巴斯（G. H. Bass）为了使鞍形鞋变得女性化，拜访了雷切尔·安东诺夫（Rachel Antonoff），这是位以 1950 年代灵感启发的"妞儿"美学而著名的时装设计师。在 2012 年题为"巴斯钟情于雷切尔·安东诺夫"的作品集中，她从巴斯复古设计档案中汲取灵感，包括带蝴蝶结的"爱丽丝"穿孔牛津鞋以及"一流"皮质高跟鞍形鞋。

下图：

新面貌

　　鲁珀特·桑德森的"鞍形 O"鞋，2009 年发布，预示着训练鞋的衰亡。

探戈舞鞋（TANGO SHOE）

1913 年，时事讽刺剧《哈罗，探戈！》（*Hullo, Tango！*）在伦敦开幕，上演了 400 多场。探戈热冲击欧美，来自阿根廷布宜诺斯艾利斯（Buenos Aires）后街见不得人的舞蹈带有异域狡黠之气，尤其是它允许身体全方位的接触。受到时装设计师保罗·普瓦雷异国情调设计的鼓舞，女人们解开紧身胸衣紧系的衣扣，把裙子变短，上个世纪的严苛限制似乎正在被颠覆。下午的舞会变成受人喜欢的日常游览，男人和女人在没有约束的情况下在当地旅馆相会，观看表演舞蹈，学习舞步，伦敦萨伏伊酒店（Savoy）和华尔道夫酒店（Waldorf）的探戈茶很有名。年轻的阿根廷舞蹈教师成为包括《纽约时报》（*New York Times*）等媒体指责的对象，"探戈大盗扰乱了百老汇"之类的大标题满天飞。"探戈大盗"指的是"空气中都充满了释放的激情"的探戈舞场折磨中年妇女的黑皮肤舞男。

穿的鞋不舒服，谁也跳不了现代舞蹈。

——1914 年《纽约时报》

时装设计师和鞋靴制作商急于为正在学习新式舞蹈而发狂的女人们创作相关用品。做鞋要有新的想法，正如 1914 年《纽约时报》写的："谁都能穿鞋跟下陷、足弓紧窄、跗面过紧的鞋跳老式华尔兹。可穿双不舒服的鞋，谁也跳不了哪一支现代舞蹈。"探戈舞鞋就是个恰当的例子，演示舞蹈家艾琳·卡斯尔（Irene Castle）普及了这款鞋，她对探戈舞的去性别化，更容易让 20 世纪的受众接受它，看起来穿着还挺入时。

探戈舞鞋后帮很高，带有低路易斯跟，跳舞时实用，十字形襻带在脚踝

处系住，有的配有多条襻带或条形前帮。1913
年，《零售鞋商》（*Shoe Retailer*）记述了探戈
舞鞋时尚带来的主要问题，饰带的时尚，"用
带子系紧鞋，扣紧小腿周围和中间的
束带，这种系紧鞋的新奇方式展现
在很多插图中，其实系带不
可能松动从腿上滑落下
来。"用料是奢华的
织锦丝绸和稀有皮
革，带有装饰细节，
如由定制鞋匠或制
靴人嵌入鞋跟的莱茵石，很多都是出自如巴黎皮内特和
扬托尼（Yantorny）这类最著名的制鞋匠人。

　　由于对探戈舞的文化痴迷，不单是鞋，连时装都普
遍有所变化。采用皮革设计的帽子向竖向升高，而不是
斜向侧面，这样才不会挡住舞伴的路，打褶的郁金香裙
让腿能够自由活动。任何与"探戈舞"一词沾边的东西
都要这样处理：探戈舞长袜、帽子和裙装，甚至色彩，
为满足需要创造出探戈橙色。

　　1920 年代，探戈舞鞋仍很流行，直到满足最新舞
蹈热的其他舞蹈鞋款式取而代之。如今，探戈舞鞋的两
个元素——高后帮和襻带还出现在鞋靴设计中。实际的
舞蹈鞋仍是按照传统和新式两种款式生产，最有名的是
出自高雅的艾丽西亚·穆尼兹（Alicia Muniz of Comme Il
Faut）和维多利奥（Victorio），两家都源自布宜诺斯艾
利斯的"探戈舞"区。

下图：
艾琳和弗农（Vernon）·卡斯尔
　　20 世纪早期职业舞者，把探
戈舞介绍给公众。

马丁靴
（DR. MARTEN）

这真是太酷了，和穿着马丁靴的光头党压扁你的头有一拼。

——1994 年电视剧《五口之家》（Party of Five）中"运动健将"中的油渍摇滚小子

马丁靴或马丁大夫靴自大屠杀的战争中发展而来，直到成为朋克和警察都穿的全球经典。慕尼黑（Munich）的克劳斯·梅尔滕斯（Klaus Maertens）博士第二次世界大战期间是德军医师，利用假期去巴伐利亚阿尔卑斯山脉滑雪。他折断了脚骨，发现穿标准款军靴不可能康复，因为硬质皮革和钉头鞋底只能加重伤情。梅尔滕斯改良了自己的军靴，增加了缓冲垫，吸收地面对脚部产生的冲击，1947 年，他用战争掠夺的鞋匠那里找到的皮革开发这一理念。梅尔滕斯原型靴在鞋靴业没有激起一丝涟漪，直到他与溪效普特（Seeshaupt）的赫伯特·丰克（Herbert Funck）大夫合作，采用从曾作为纳粹德国空军基地的机场遗弃的飞机上找到的废弃橡胶制作带缓冲的鞋底。1950 年代早期，比尔·格里格斯（Bill Griggs）从德国公司购买了该专利，在英国伍拉斯顿（Wollaston）他的科布斯·莱恩（Cobbs Lane）工厂生产，为工作靴附上鞋底，现在叫做"气垫鞋（AirWair）"；他还将名字英语化为"马丁大夫"，这在反德情绪高涨时期很重要。改名后叫"1460"（用发布日期命名），有独特黄色线缝和鞋跟提环的结实的八孔工作靴，发展到全国的工人都穿它。

该靴首次从时装的角度穿着而非功能方面是在 1960 年代，出现在光头党的脚上，这是从"硬派摩登（hard mods）"发展来的街头帮派团伙。硬派摩登是 1960 年代早期摩登运动的分支，街头帮派的忠实成员，每个帮派有自己严格巡视的领地，以防对手"公司"入侵。硬派

上图：

部落风

马丁靴为包括朋克在内的很多街头帮派团伙接受，图示为 1982 年的场景。

左页图：

阿希什 2011 年秋冬季

从山本耀司（Yamamoto）到阿希什，很多时装设计师采用马丁靴把作品集变得硬气起来。

摩登穿着卷起裤管的牛仔裤和西印度群岛移民的套叠式平顶帽（也叫"狂野男孩"），加上弗雷德·佩里的摩登马球衫，这一形象也出现在英格兰足球场的看台上。派系争斗、拥戴某队、男性时尚以及恐吓暴力形成潜在的联系。此款靴在摇滚乐演出中出现是在 1969 年，Who乐队的主吉他手皮特·汤申德（Pete Townshend）穿着连衫裤工作服和马丁靴现身舞台。他说，"我烦透了穿成像圣诞树一样，穿上飘洒的礼服会妨碍我的吉他演奏，所以我想得改穿实用装。"（1975 年，以 Who 乐队的摇滚歌剧"汤米"为基础的电影上映，它讲的是埃尔顿·约翰饰演的穿巨大马丁靴的弹子球奇才的故事。）汤森（Townsend）注意到马丁靴具有工人阶级的可靠性，在短暂的昙花一现的时尚和 1960 年代后期懒散的嬉皮氛围之后显得很清新，认识到流行的男子气概处于不断变化中，衰退开始来袭之际变得强大起来。

随着迷幻音乐反传统文化的"和平与爱"的乐观主义开始褪色，光头党在表达迥异于嬉皮时，采用该鞋作为亚文化的集成。光头党以进取性、对抗性和猛烈性赢得了声望，尤其是随着这十年的时间慢慢消逝，右翼团体开始渗入光头党的活动。剔去头发，由此得名，穿起吊带裤，卷起牛仔裤裤管，露出马丁靴。该靴的另一个名也叫"街斗靴"，因为穿它的人常常是"烦扰"或麻烦的制造者。靴子成了年轻的白种劳工阶级暴徒挥舞的武器，十几岁的光头党加文·沃森（Gavin Watson）描述他如何"在 12 岁时购买了第一双八孔马丁靴。按规矩要用它们踢别人，才能为它施洗礼。不管对象是谁，如果溅上血更好。"这个形象在英国街头越来越常见，在围绕 1971 年科幻电影《发条橙》（A Clockwork Orange）带来的喧嚣之后，更是随处可见，电影中具有超凡魅力的累犯亚历克斯·德拉热（Alex DeLarge）穿着双十孔靴，同他年轻的团伙成员一道卷入暴力的狂欢中。以笔名理查德·艾伦（Richard Allen）写作的作家詹姆斯·莫法特（James Moffat）一系列相当成功的低俗小说类书籍也增加了马丁靴对青少年的吸引力。他的"光头党"系列由新英语图书馆出版社（New English Library）在 1970 年代发行，描写一位码头工人的儿子乔·霍金斯（Joe Hawkins）的生

活，反抗他自己劳工阶级团体的迫害，导致了全球经济衰退和失业。艾伦描述了"没有靴子，（乔）成了凡夫俗子，就像他的爸爸，一个没有身份的工人。乔以靴子而自豪。他的大多数同伴都是在高街商店花大价钱买新靴子。乔的却不是。他的靴子是百分之百淘汰的军靴，厚底、嵌鞋钉、穿起来很沉，踢到肋骨上也很重。"

下图：

激进的传统主义

14孔黑色皮质马丁靴用侧面的镂空图形掩饰其传统形象。

我一直在想，我们即将迎来高潮，还是刚刚错过？

——帕特里克·考克斯

16孔樱桃红色马丁靴军事化的外观有些恋物癖特点，只要光头党当道，它就一再被风格化地重复，正如1970年代后期随着Oi音乐的兴起，高加索右翼情绪的风俗画表达在Skrewdriver乐队这些朋克派生乐队的歌词中一样。正是这时期，光头党在美国找到了出路，靴子也跨越大西洋渗入亚文化风格，最著名的当属1990年代油渍摇滚的兴起。

1980年代，是不论男人还是女人都在继续试验性爱模式的十年，很多颠覆性设计师的离经叛道让人出乎意料。其中重要例子就是设计师阿瑟丁·阿莱亚发起的紧身衣的流行，叫做"紧身衣之王"，还有以紧身弹力纤维"绷带"服闻名的赫维·莱杰（Herve Leger）。阿莱亚的黑色平纹针织柔软波状迷你裙、打底裤及短款外套，黑珍珠内奥米·坎贝尔和伊娃·盖尔齐格娃（Eva Gerzigova）这样的超级名模在表演台上都穿，打造出极度魅力的形象。然而，这种高度充斥性感的形象在与高街碰撞后，戏剧性地发生了改变，女人们把法国人的雅致与日本人的先锋时尚元素结合起来。她们搭配阿莱亚和莱杰，并用当下附庸风雅的物件做点缀，从荡妇到街头流浪儿都改变了形象，并且，通过这样做，玩笑般地抛弃了美女必纤足的传统观念。红色或死亡（Red or Dead）品牌的设计师韦恩（Wayne）与杰拉尔丁·海明威（Geraldine Hemingway），以及鞋设计师帕特里克·考克斯也注意到了这点。考克斯还是伦敦科威勒斯学院（Cordwainers College）的学生时，他曾见到一名建筑工人为清除马丁靴上的垃圾，用钢质鞋包头猛击墙，钢的鞋包头都露了出来。考克斯设法个性化马丁靴，去掉皮革，露出鞋包头并抛光，形成时装解构的早期形式。与此同时，海明威注意到"所有这些女孩都穿着紧身黑裙，脚上套着双大得不得了的靴子，我们便改变了她们的形象。每个人都想这么穿，琼·保罗·戈尔捷（Jean Paul Gaultier）从卡姆登（Camden）我们的摊位购买这些鞋，还有德米·穆尔（Demi Moore），每一位你能想到的明星，这简直令人难以置信。"穿的并不是素面马丁靴，要涂上幻彩荧光漆，并配上彩色鞋带，彻底改变它好斗的名声。1990 年，海明威还同马丁靴品牌合作，采用超亮光泽漆皮表面效果和原色发布了自己的作品系列，即以透明乙烯树脂为专题的太空娃娃系列。

1990 年代之始，马丁靴经油渍摇滚粉丝们穿着，又回归了它桀骜不驯的本源，那是刚走出华盛顿州西雅图的砂砾摇滚的新形式。考特尼·洛夫穿着双磨损了的靴子，搭配着撕破的网袜、老式的茶裙，涂抹着亮红唇膏，花卉图案丝绸的柔软也因黑色皮革而变得坚韧。随着训练鞋和匕首跟的兴起，马丁靴名气大衰，在 2000 年代早期却又开始卷土重来，从未体验过靴子的新一代青少年穿上了它。马丁靴再次登上表演台，2007 年，山本耀司在经典的鞋底、黄色线缝和鞋跟提环基础上加装了内藏式拉链、尖鞋头和有扣的皮带。2009 年秋冬季，与设计师拉夫·西蒙斯合作，也创作了简洁的款式。

上图：
高跟"混血"

蓝色漆皮马丁靴，装饰有花卉细节的高堆垛跟踝靴。

海盗靴（PIRATE BOOT）

由于约翰尼·德普（Johnny Depp）在系列电影《加勒比海盗》（Pirates of the Caribbean）中饰演杰克·斯帕罗船长（Captain Jack Sparrow）神气活现的形象，在21世纪的公众想象中，海盗是个流行人物。实际上，海盗是失业的水手，他们穿任何偷来的衣物。海盗巴塞洛缪·罗伯茨（Bartholomew Roberts），又称为黑巴特（Black Bart）是个很特殊的华服海盗，穿着深红色天鹅绒马裤、饰有羽毛的船形帽，还有晃晃悠悠的金耳环，金耳环是他的财富标志，据说通过给耳垂施加压力，也能治疗晕船。现在很多人都觉得，海盗的全部行头就是一块印花大手帕和靴子，而实际上，只有船长穿得起高筒皮靴，其他船员只能穿方头、大鞋舌的堆垛跟有鞋扣的鞋。神气活现的方头海盗靴其实只是道格拉斯·费尔班克斯（Douglas Fairbanks）在1926年电影《黑海盗》（Black Pirate）及1935年电影《铁血船长》（Captain Blood）中埃罗尔·弗林（Erroll Flynn）的好莱坞式演绎。

> **改变一下，穿出个性，就不会像是别人的翻版了。**
>
> ——维维恩·韦斯特伍德，2008年

在1980年代早期，街头风格与T台款式相契合，时装走向恣意地一反常态。新浪漫主义运动强调时装选择的个性化大于一切，该风格的领军人物菲利普·萨隆（Philip Sallon）、博伊·乔治（Boy George）及史蒂夫·斯特兰奇都有后现代的外貌表达方式，丢弃了朋克悲观的行头，倾心于把各个时代风格巧妙地拼凑成极富戏剧性的服装。例如，亚当·安特从清仓甩卖的戏服供货商查尔斯·福克斯（Charles Fox）处为自己的品牌购买有饰带镶缀的"光团突击（Charge of the Light Brigade）"军装式夹克。就像博伊·乔治所说，"能激起千层浪便是目的。"1981年，英国时装设计师维维恩·韦斯特伍德发布了

"海盗"作品集，从 18 世纪海盗和 1930 年代带有环状循环曲线图案的好莱坞剧装设计，还有源自非洲金色海岸（African Gold Coast）的色彩搭配中攫取的海盗图形，成为受历史因素影响的风貌。她在伦敦维多利亚和阿尔伯特博物馆（Victoria and Albert Museum）数月对馆藏材料的研究带来成果丰硕的 T 台秀，有荷叶边裙、长袜和流苏腰带、开衩夹克，以及配饰三色玫瑰花结的拿破仑一世时期双角帽。一位观众，"世界档案"品牌的迈克尔·科斯蒂夫（Michael Costiff）说，"当时正是伦敦灰蒙蒙的时期，这场表演带来如此丰富的色彩，橘黄色的波形曲线图案、金色的唇膏和多肤色的模特，和着布隆迪的原声音乐，穿过烟雾迎面而来。朋克之后，一切都这么出人意料。我们等不及去购买了。"韦斯特伍德此次展现的是她首款代表性多带扣低堆垛跟海盗靴，配有五条天然皮革束带和象牙色磨绒面皮鞋底。可调节的束带让穿着者保持靴子高挑、紧身，可以在小腿肚的位置或者垂下来松散地堆在脚踝一圈。多年以后的 1999 年凯特·莫斯从伦敦古老的店铺雷利克（Rellik）购得一双之前，这样独特的圆包头靴子并没有进入量产。大量的需求蜂拥而至，店家才备足货品，直到今日仍在生产，有各种色彩和鞋跟款式，从古巴跟到匕首跟。

左页图：

侠盗

维维恩·韦斯特伍德最初在 1981 年具有开创性的"海盗"作品集中发布的有皮带扣的堆垛跟海盗靴。

右图：

土匪靴

里奇·欧文斯（Rich Owens）为 2012 年春夏季采用有光泽的棕褐色皮革创作的当代船头形鞋包头松散式海盗靴。

胶底帆布运动鞋
（SNEAKER）

我们仍像 5000 年前的希腊人那样游走于城市之间，他们穿的是便鞋，我们穿着胶底帆布运动鞋。

——企业家兼发明家迪安·卡门（Dean Kamen）

　　胶底帆布运动鞋是鞋靴设计的大作，它的英语名称"训练鞋（trainer）"源自"训练用鞋（training shoe）"，映射出它的体育运动出身。胶底帆布运动鞋从网球鞋（参见第 138 页）中发展而来，是带有帆布鞋面的涂橡胶鞋，采用查尔斯·古德伊尔的技术发明——橡胶的硫化。很多经典胶底帆布运动鞋的设计创作于 1964 ~ 1982 年间，包括阿迪达斯（Adidas）的"超级明星（Superstar）"鞋、彪马（Puma）的"小羊皮（Suede）"鞋、阿迪达斯的"SL 72"（为 1972 年奥运会发布的），如今，从街舞男孩（B-boy）到黑帮说唱（Gangsta Rap），这款无处不在的运动鞋早已为各种流派和亚文化接受。1970 年代兴起健身热潮，胶底帆布运动鞋开始其全球的主导地位。到 1980 年代，它是作为一种生活方式的选择而销售的，是社会地位和身份的形象符号，市场由四大品牌控制：阿迪达斯、彪马、耐克和锐步。至 1990 年代，胶底帆布运动鞋成为创新工程在体育专业的杰作：悬臂鞋底、凝胶体系、气垫及诸如迈克尔·乔丹（Michael Jordan）、克里斯·埃弗特（Chris Evert）和博·杰克逊（Bo Jackson）此类明星支持的内置泵。如今，胶底帆布运动鞋对男女老幼都是舒适的鞋，讽刺的是，和慢跑运动鞋搭配着穿，却经常和做运动一丁点关系都没有。下面通过对权威公司出品的关键性胶底帆布运动鞋的讨论展开其发展过程。

上图：
　　采用阿迪达斯作为品牌的最知名乐队之一，Run DMC，引领不系鞋带的形象。

左页图：
明星代言
　　1968 年，美国戴维斯杯队（US Davis Cup）队长，网球明星斯坦·史密斯（Stan Smith）以自己名字命名了这款全白色皮鞋。

匡威（Converse）"全明星（All Star）"鞋

现在，越来越多的 MTV（Music Television，全球音乐电视）都与 NBA（National Basketball Association，国家篮球协会）有关，人们认为在他们的生活中，一度有 60% 的美国人有这款标志性的篮球鞋。1908 年，米尔斯·康弗斯（Mills Converse）侯爵在马萨诸塞州梅登（Maiden）创建了匡威橡胶公司（Converse Rubber Corporation），生产橡胶套鞋和工作鞋。生产任务是季节性的，所以康弗斯觉得全年利用劳动力，将产生更大的经济效益，于是开始了运动鞋的生产。到 1910 年，匡威的日产量一直是 4000 双，到 1918 年，网球运动风行一时，匡威运动鞋的产量也翻倍了。在 1910 年代，篮球是最热门的运动之一。所以 1917 年，及踝棕褐色帆布面、黑色镶边、厚橡胶底的标志性匡威"全明星"篮球鞋发布，阿克伦火石无刹车队（Akron Firestone Non–Skids）人气运动员丘恩克·泰勒（Chunk Taylor）与 1921 年为其签字授权，这是全球鞋业的首例运动员签名授权的运动鞋。泰勒也参与改进了该鞋的设计，为鞋底引入更好的抓地力，并改善对踝关节的支撑，作为鞋的大使而行游全国，通过传授基础知识在学校推广篮球运动。

左图：
标志性鞋

人们认为，60% 的美国人都拥有经典的匡威"全明星"篮球鞋。

比赛第一次输给穿那款鞋的家伙，真是恼火。

——网球明星斯坦·史密斯谈及阿迪达斯"斯坦·史密斯"胶底帆布运动鞋

1920 年代，全黑色帆布取代天然的棕褐色，黑色全皮款也开始生产。1923 年，泰勒的签名加在"全明星"踝部的补片上，匡威也为第一支职业美国黑人队——纽约文艺复兴队（New York Renaissance），也叫"Rens"，量体定制篮球鞋。1936 年，篮球运动被官方认定为奥运会项目，金牌得主美国队全部装备的是匡威运动鞋。第二次世界大战之后发布的经典黑白匡威鞋成为学院和职业运动员标准搭配。1950 年代，穿着牛仔裤和皮夹克的青少年活跃在篮球运动场上。该鞋也成为亚文化的影响力，纽约新浪潮乐队雷蒙斯乐团（The Ramones）在 1976 年，冲击乐队（The Strokes）在 2000 年代早期都穿着它，年轻叛逆的形象变身为经典的摇滚风范。1968 年，低帮牛津款"全明星"鞋进入市场，成为加利福尼亚生机勃勃的冲浪和滑板文化的骄子。到 2002 年，据估计自 1923 年匡威全明星鞋问世以来，已售出 7.5 亿双；2002 年，凯瑟琳·艾斯曼（Kathryn Eisman）在《看鞋识男人》（How to Tell a Man by his Shoes）中写道："旧式的鞋子是那个时代的飞人乔丹（Air Jordans）鞋。而'查克斯运动鞋（Chucks）'占据网球场已有些时日，现在，它们可绝不代表严酷的运动训练。如今的'全明星'花花公子不折不扣地培养了懒散的对待生活的方式。"

阿迪达斯"斯坦·史密斯"鞋

首款上市的全皮网球鞋于 1968 年投放市场。1948 年，阿迪达斯由鞋匠兼企业家阿道夫·达斯勒（Adolf Dassler）在德国黑措根奥拉赫（Herzogenaurach）创建，1920 年代，他最初与哥哥一起在母亲的洗衣店开始业务。1930 年代，他们扩大了公司的规模。1936 年柏林奥运会之后，达斯勒兄弟拆分了公司；阿迪（Adi）用名字和姓氏建立了阿迪达斯，鲁迪（Rudi）创建了竞争品牌彪马。纳粹政权倒台后，足球成为兄弟们的战场，全欧洲赛场上都是阿迪达斯和彪马的鞋。

阿迪达斯借助明星代言的力量，并向世界最优秀的运动员包括参加 1952 年及 1956 年奥运会的全体参赛者赠送鞋。彪马做出回击，1970 年，给巴西足球运动员贝利（Pele）穿上他们的战靴参加墨西哥世界杯赛，为此预支 2.5 万美

下图：
阿迪达斯"超级明星"鞋

阿迪达斯 1969 年制作的篮球鞋，作为"职业范"篮球鞋的低帮款发布。

元的名誉费，之后 4 年再付 10 万美元，还有在他名下售出的所有比赛鞋的十分之一作为提成。阿迪达斯的"斯坦·史密斯"是另一款成功地与明星联系起来的鞋。该网球鞋最初由法国职业网球运动员罗伯特·海利特（Robert Haillet）签字授权，他在 1954 年曾辅助该鞋的开发。像篮球鞋一样，早期的网球鞋用帆布和橡胶制作；全皮质的"罗伯特·海利特"于 1965 年亮相，由于稳定的支撑力和改良的抓地力，成为众多网球职业选手的首选鞋。

那个时候，法国以外很少有人知道罗伯特·海利特，达斯勒便重新寻找了一位明星，为下一代运动员和爱好者重塑网球鞋，这就是高大健壮、金发碧眼的美国人斯坦·史密斯，美国戴维斯杯网球队的队长，也是全系列赛事的获胜者。轻快的全白色鞋成功了，丰厚的特许权使用费成全史密斯当上了富人（至少已售出 4000 万双）。

1969 年阿迪达斯"超级明星"鞋的开发就是用来与匡威竞争的。由于球场上停顿和起步的动作，篮球运动员的膝盖和踝关节容易受伤，帆布鞋缺少合适的支撑。阿迪达斯的"超级明星"鞋有着坚固的皮质鞋面，壳形鞋包头保护了脚的前部，还有模制人字形浅沟槽的外底。它获得了成功，到 1973 年，美国近 85% 的职业篮球运动员都穿它，洛杉矶湖人队（LA Lakers）的卡里姆·阿卜杜勒—贾巴尔（Kareem Abdul-Jabbar）［也叫刘易斯·阿尔辛多尔（Lewis Alcindor）］为其签字授权。与匡威相似，阿迪达斯"超级明星"鞋也发展了自己的亚文化粉丝，成为纽约街舞男孩心仪之物，Run DMC 乐队向该鞋曾表达敬意——"我的阿迪达斯"。

耐克"飞人乔丹"（Air Jordan）鞋

1976 ～ 1984 年间，成千上万的美国人参加体育锻炼、慢跑、跑步和有氧体操。同时，在 1970 年代早期，前田径教练、慢跑运动倡导者比尔·鲍尔曼（Bill Bowerman）设计了一款跑步鞋。1964 年，鲍尔曼在俄勒冈州成立了蓝带体育用品公司（Blue Ribbon Sports），作为日本制鞋商鬼冢虎（Onitsuka

左页图：
复古经典

迈克尔·乔丹在篮球赛场上不顾颜色受禁，穿着他的"飞人乔丹"胶底运动鞋。

下图：
耐克"飞人乔丹"鞋

彼得·穆尔（Peter Moore）的设计，起这个名字是因为它有压缩空气存储在鞋底内。

Tiger）的经销商，1967 年，他的首家零售店在圣莫妮卡（Santa Monica）开业。1971 年，蓝丝带更名为耐克，卡罗琳·戴维森（Carolyn Davidson）设计的作为商标的 logo 图形首次用于足球鞋。大约就在那时，鲍尔曼开始开发使用轻量聚氨酯鞋底和独特"方格"纹鞋底的鞋。至 1974 年，"方格"纹的胶底运动鞋在市场上销售，网球运动员吉米·康纳斯（Jimmy Connors）参加温布尔登（Wimbledon）网球赛时就穿着它。

自 1980 年代早期，耐克跑步鞋的人气开始下降，公司经历了一段时期的革新。耐克鞋成为 1984 年洛杉矶奥运会用鞋，最值得注意的是，篮球明星、金牌得主迈克尔·乔丹签约代言了一款新鞋，耐克"飞人"付出 2500 万美元名誉费外加提成。耐克"飞人乔丹 1 号"鞋出自设计师彼得·穆尔之手，之所以得此名是因为它有压缩空气储存在鞋底内，中间鞋面有独特的图标，踝部上方有羽翼形图标；除此之外，外形与 1980 年代的其他耐克胶底运动鞋相似，比如"空军一号""灌篮"和"终结者"。胶底运动鞋获得惊人的成功，完全是因为它和乔丹联系在一起了。乔丹穿着独特的红、黑和白色鞋出现在赛场上之后，相伴而来的宣传主体——胶底运动鞋获得了男性魅力。这款鞋也获得了反叛的名声，它的颜色违反了比赛规则，后来遭到全美篮球协会（National Basketball Association）的禁令。但，乔丹一直穿着它，尽管每场比赛要缴 5000 美元罚款；耐克接受了这个罚单——这个产品推广宣传很有好处。这也改写了胶底帆布运动鞋的价格上限，它是市面上最贵的鞋，这也让制鞋商看到，只要形象用得对，消费者是准备好支付大价钱的了。

上图：

锐步"自由款"鞋

　　1982 年推出的女式有氧运动鞋让锐步快速进入主流时尚。

锐步"自由款（Freestyle）"鞋

1890年，英国兰开夏郡（Lancashire）博尔顿（Bolton），鞋匠约瑟夫·威廉·福斯特（Joseph William Foster）一直为维持生计而艰难地做着运动鞋。在决定为满足越野跑需要的抓地力，在鞋底加上鞋钉之后，他让儿子们也加入到他的工作中，1895年创立了J.W.福斯特及儿子们的公司（J.W.Foster & Sons）。不列颠很多优秀的赛跑运动员都穿带鞋钉的跑步鞋，包括哈罗德·亚伯拉罕（Harold Abrahams）和埃里克·利德尔（Eric Liddle），他们是1981年电影《火战车》（Chariots of Fire）中演绎享有盛名的1924年奥运会金牌得主的人物形象。1960年代，创立者的孙子继承了这间公司，经过品牌重塑更名为锐步，它源自南非短角羚，一种能快速奔跑的羚羊。

1979年，立足于波士顿的实业家保罗·法尔曼（Paul Fireman）在一次展销会上看到了锐步鞋，之后便购买了锐步跑步鞋在美国的股权。法尔曼希望趁着由简·方达推广的有氧运动开始繁盛之机，推出专门针对女性的轻便运动鞋。女人们穿着色彩丰富的运动服，却只有基本的单色胶底运动鞋可选择。1982年，锐步发布了"自由款"并垄断了市场。该鞋为超柔软的白色皮革的系带设计，淡蓝色字体的商标，一侧有联合王国的国旗。1983年发布了一系列亮丽色彩的高帮款双条幻彩系带鞋，包括荧彩粉红色和艳蓝色，销量超过原有款式。它们有个代名"54.11s"，指的是在纽约税后的售价。1980年，锐步全球销售额是30万美元；1983年，达1.28千万美元；到1987年，则为14亿美元。锐步"自由款"鞋有从时装的角度穿着的，也有从健康舒适的角度穿的。广受欢迎的电视剧《蓝色月光》（Moonlighting）中的明星西比尔·谢泼德（Cybill Shepherd）就穿着一双艳丽的火焰橙色鞋，搭配无肩带黑色晚礼服和色调一致的长筒手套出席了1985年的艾美奖（Emmy Awards）。

下图从左至右：

滑板鞋

阿迪达斯以商标图形后面挨着的"三条"而著名。

高帮鞋

匡威"全明星"高侧帮鞋是限量版的完美帆布鞋。

恒久传奇

尽管2003年乔丹从篮球场退役了，新耐克气垫鞋至今仍在生产。

未来派鞋

里克·欧文斯的梯形带拉链款胶底帆布运动鞋是个新突破。

回到未来

2010年代，重新得到认识的锐步"自由款"。

胶底运动高跟鞋（2008年春夏季）

皮埃尔·哈迪把胶底帆布运动鞋变异为多彩匕首跟鞋。

悬浮跟鞋（FLOATING HEEL）

悬浮跟（或叫无跟）鞋为反地球引力的造型，金属铸成的鞋底悬浮在平置于地面上的金属悬臂构件上方，解除了对传统结构性支撑的需要。它是体现女鞋轻盈的极致效果，源于女性即意味着双足轻如薄纱般纤弱的文化意识，而男人的鞋一般比较有节制且厚重，在品牌推广中强调继承传统。

> **我的鞋可不是日常穿着的，所以我也不从凡夫俗子那里获得订单。**
>
> ——诺丽塔卡·泰特哈娜（Noritaka Tatehana）

维多利亚·贝克汉姆懂得，悬浮跟能抓住大众和相机等的注意力。2008 年，在纽约梅西百货香水签约仪式上，她选择了穿安东尼奥·贝拉尔迪（Antonio Berardi）的带 5 英寸半高台底和悬浮跟的紧身黑色天然乳胶过膝长靴。同样，当马克·雅各布斯的"反鞋跟"在 2008 年春夏季步入时装展台时，时尚界（和民众）瞠目结舌。贝拉尔迪那时解释说："它们取得了完美的平衡。姑娘们来试穿时，看起来有点胆怯，但最后她们说与穿正常鞋没什么区别。她们显得很优雅，带有芭蕾舞演员的气质。有没有鞋跟，只是心理问题。"由于有超过普通大小的高台鞋底延伸到后部，在足弓下部提供支撑，靴子还是很稳的。维多利亚·贝克汉姆只好记着用脚趾走路，而不是用脚跟，否则就像是要仰面摔倒似的。

维多利亚·贝克汉姆穿上悬浮跟那会儿，在鞋靴设计中好像很前卫，早在 1920 年安德烈·佩鲁贾就已经申请了专利，在 1937 年就以范本出现了。佩鲁贾是 20 世纪最具创新精神的鞋靴设计师之一，自 1921 年至今，他就在巴黎圣奥诺雷市

下图：

空中漫步

这是马克·雅各布斯名为"反鞋跟"的设计，是 1950 年代流行一时的新奇悬浮鞋跟的当代款式。

郊路（Rue du Faubourg Saint-Honor）自己的店铺里展示实验性产品。第一次世界大战期间，他应征去飞机制造厂工作，得到工程技术方面的教育，这从根本上改变了他对鞋子构造的理念。正如他所说，"一双鞋必须像方程式一样完美，像电机组件一样调校到毫米。"

随着女人的裙子越来越短，展露出更多的腿部，佩鲁贾开发出很多创新性的鞋跟，随着1937年他的隐形鞋跟出现，延伸了鞋跟的极限。1950年，他的设计——无跟紫色小牛皮鞋在磨光软木底托上取得"足尖（en pointe）"的平衡，在类似萨克斯第五大道精品百货公司（Saks Fifth Avenue）、I.米勒（I. Miller）和雷恩（Rayne）这些大牌店铺中售卖，是为更实用型的设计聚拢人气的概念化原型。

1956年，另一项专利应用于一款新的悬浮跟，用于马丁·弗里德曼（Martin Friedmann）。此鞋的构造在鞋底上，抬高的中底为一整片金属浇铸而成，非常坚固，能够支撑起身体的分量。早在1960年代，皮内特和普雷西奥萨（Preciosa）就制作这个式样的鞋，不过它只是一时兴起，没有成为主流鞋靴时尚。1959年，贝丝·莱文以传统日本歌舞伎表演者的鞋为基础，凭借她的"歌舞伎（Kabuki）"鞋创造了另一项创新款式，它采用黑缎船鞋的形式，中间部分集成在模制的木质弧形金色水台上部。鞋子具有空气动力学的感觉，让人觉得是悬浮在魔毯上的，在整个1960年代，她发布了不同的款式。如今，这种古怪的鞋造型以很多方式表现出来，包括2009年奥利维尔·泰思肯斯（Olivier Theyskens）为尼娜·丽姿（Nina Ricci）设计的镰刀形鞋底；2009年加贺美敬的受折纸启发的造型；凯瑟琳·莫伊特（Catherine Meuter）的"Ein/Tritt"鞋，这是第一款平板包装的鞋；还有诺丽塔卡·泰特哈娜的极致无跟高台底鞋，包括Lady Gaga穿的28英寸高"马戏团"高台底鞋。

下图：

挑战重力

诺丽塔卡·泰特哈娜创作的鞋幻象，把艺术与时尚同无跟鞋的设计融合在一起，正如 Lady Gaga 所穿的这款。

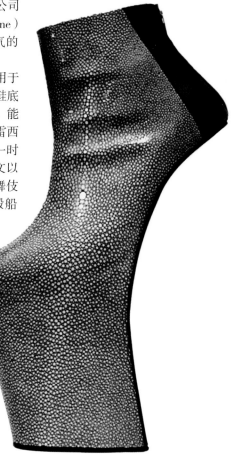

踝带（ANKLE STRAP）

> 新襻带就像贴身内衣。尼龙的，环绕着脚踝爱抚着脚。
>
> ——塞尔焦·罗西

19世纪，缎带或绳索附加到便鞋式凉鞋上，绕着脚踝捆缚，但是直到20世纪才成为鞋靴设计的结构性元素。非常简单，踝带鞋有能绕着脚踝扣住的皮质襻带。襻带包括两种：穿过鞋后部鞋带环的单带，或是经过脚前或脚后的双条襻带。两种形式都用带扣系紧。

1920年代，襻带成为女鞋最重要的设计特征之一，其革新包括丁字形襻带，至1921年，丁字襻带连结于从鞋后部往上扩大的四分之一处伸出的踝带上。到1930年代，踝带用于安德烈·佩鲁贾、阿尔弗雷德·阿尔让斯（Alfred Argence）及其他设计师设计的晚宴鞋，它系附于高台底鞋或楔跟鞋，整个战时这种式样一直都很流行。

1948年4月26日的《生活》杂志预言了踝带的回归（尽管它并没有真正离开），描绘鞋子"活泼、优雅，以最佳效果展现出脚踝"。由于裙子变得更长更宽大了，杂志接着说，"女人们再不能仅凭天生的腿吸引人的注意。"鞋要把目光吸引到"露出来的12英寸腿上"，缠结的踝带便流行起来，以采用同位穿孔的乙烯前系扣踝带鞋而出名的牛顿·埃尔金（Newton Elkin）1948年创作了高到腿部的踝带收拢四根系扣条带的鞋。1949年，贝丝·莱文发布了第一个鞋的作品集，由一只鞋的模型组成，就是最畅销的"蛇蝎美人"，名字来自好莱坞黑色电影中的诱惑女主角。该鞋为环绕式踝带、V字开口、封闭鞋包头的鞋面，有各种相配的性感颜色和材质可供出售，包括亮红色小山羊皮嵌莱茵石饰花或带珠饰小羊皮。它是踝带鞋成为1950年代好莱坞同义词诸多款式之一，例如戴维·埃文斯为丽塔·海沃思在1946年黑色电影《荡妇吉尔达》设计的黑色踝带鞋，在著名的"脱衣舞表演"场景中就穿着它。踝带圆头鞋，或叫做"小布

上图：

贝蒂·格拉布尔（Betty Grable）炫耀着穿着踝带鞋在伦敦劳埃德（Lloyds）投保100万美元的大腿。

左页图：

黑色丝缎

丽塔·海沃思为演出1946年电影《荡妇吉尔达》（Gilda）中著名的脱衣舞场景穿着戴维·埃文斯的踝带鞋。

娃娃”，因为它有时和1950年代插画家安东尼奥·瓦尔加斯（Antonio Vargas）作品中出现的美女画像是同义词，穿着贝蒂·格拉布尔和谢利·温特斯（Shelley Winters）的脚上。在她的自传《谢利，有时被叫作雪莉（Shirley）》（1980年）中，影星讲述了现在听起来不太光彩的故事，她和玛丽莲·梦露如何常常把鞋子从作坊里解放出来穿出去约会，看见一双踝带系成弓形的鞋，她说“这是我见过最性感的鞋。”

下图：

混合信息

加利亚诺在其女施虐狂启发的踝带鞋中，把粗花呢的传统做法与极端的绑缚相配。

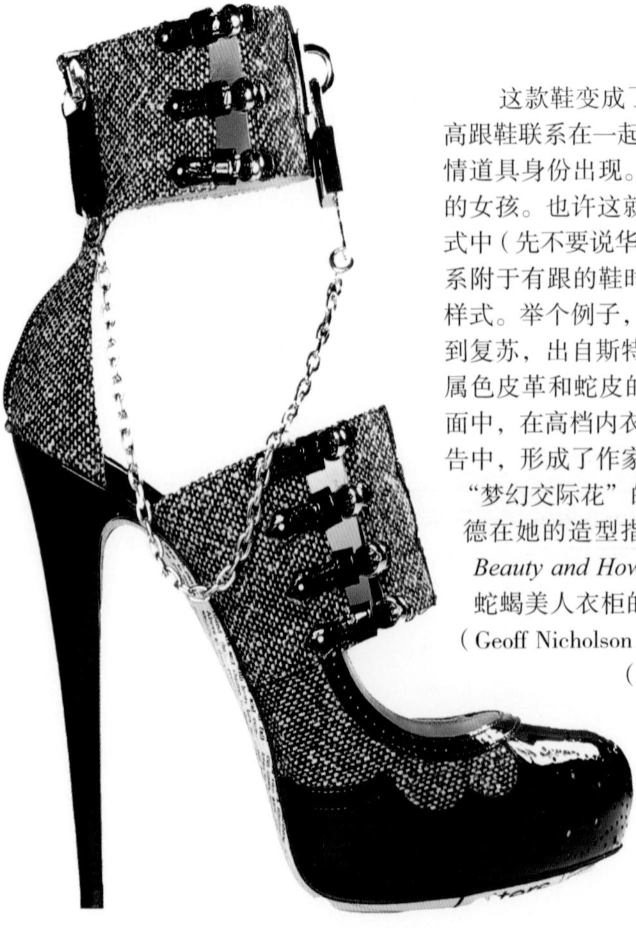

女人的时装是一种微妙的绑缚形式。男人的事就是如何捆住她们。

——戴维·杜绍夫尼（David Duchovny）

这款鞋变成了性的同义词，尤其是踝带与带鞋钉的高跟鞋联系在一起时，以时尚、电影和SM色情文学的色情道具身份出现。捆住的赤足让人一震，暗示着受束缚的女孩。也许这就是为什么从那时开始的各种各样的款式中（先不要说华丽摇滚的踝带高台底鞋惊人的高度），系附于有跟的鞋时，踝带已经被看作是性感鞋靴的终极样式。举个例子，1970年代，1950年代的踝带匕首跟得到复苏，出自斯特凡娜·科连（Stephane Kelian）采用金属色皮革和蛇皮的设计，出现在法国《时尚》杂志的页面中，在高档内衣公司珍妮特·雷格（Janet Reger）的广告中，形成了作家安杰拉·卡特（Angela Carter）笔下的“梦幻交际花”的形象。1984年，演员布里特·埃克兰德在她的造型指南《性感之美与如何实现》（*Sensual Beauty and How to Achieve It*）中，挑选出这款鞋作为蛇蝎美人衣柜的重要装备。1996年，杰夫·尼科尔森（Geoff Nicholson）关于脚和鞋恋物癖的小说《恋足》（*Footsucker*）中无名叙述者说，“我是踝带的狂热爱好者，甚至对双条踝带更是如此，我十分确定它一定和绑缚有某些联系。”

1990年代及2000年代，踝带一直是潮流所趋——约1990年，勒内·曹维拉设计了有金属线的小山羊皮踝带；朗万为 2005 年秋冬季发布了缎质和镶满水晶的踝带、不锈钢鞋跟船鞋；塞尔焦·罗西为 2010 年春夏季设计了踝带款金光闪闪的缎质角斗士凉鞋；2009 年作家库珀·劳伦斯（Cooper Lawrence）回忆地描述了自己的马诺洛·布拉赫尼克踝带婚礼鞋："那些鞋太艺术了。目光触碰到那惊心动魄的光彩的瞬间，我理解了力量、性感以及炫耀名贵跑车的男人或一掷千金于豪华珠宝的女人具有的财大气粗都一定是感觉得到的。那鞋有 5 英寸的银色埃坦（Etain）纳帕（napa）皮包裹的锥形跟，闪闪发光饰以珠宝的踝带。然后，全然的装饰性，缀满珠宝的襻带垂挂着像是脚镯。它是目前为止设计师马诺洛·布拉赫尼克创作的最完美的鞋。尽管它差不多和我的婚礼服一样贵，我毫不迟疑地买了它。"

不过，作者在婚礼几周后还是有点难过，见到照片中"穿着随意的基莫拉·李·西蒙斯（Kimora Lee Simmons）从一家餐馆出来。见她平常日子穿着我的婚礼鞋，配着牛仔裤，竟然，我一点都高兴不起来了，好像那就是平日鞋，不是我以为的庄重的艺术作品。这也告诉我们，明星和我们这些人是两回事啊。"带厚大高台底繁琐装饰的踝带鞋成为 2010 年代很多名人的日间鞋，比如萨拉·杰西卡·帕克、维多利亚·贝克汉姆和亚达·平凯特—史密斯（Jada Pinkett-Smith），穿着款式如克里斯蒂安·卢布坦 6 英寸鞋跟的"第 299150 号小山羊皮踝带船鞋"（No. 299150 Suede Ankle Strap Pump），或是他的"布利玛踝带高跟鞋（Boulima Ankle Strap Heels）"。这些鞋被称作脱衣舞娘鞋是因为它们和脱衣舞女穿的树脂玻璃高台底鞋太像了。

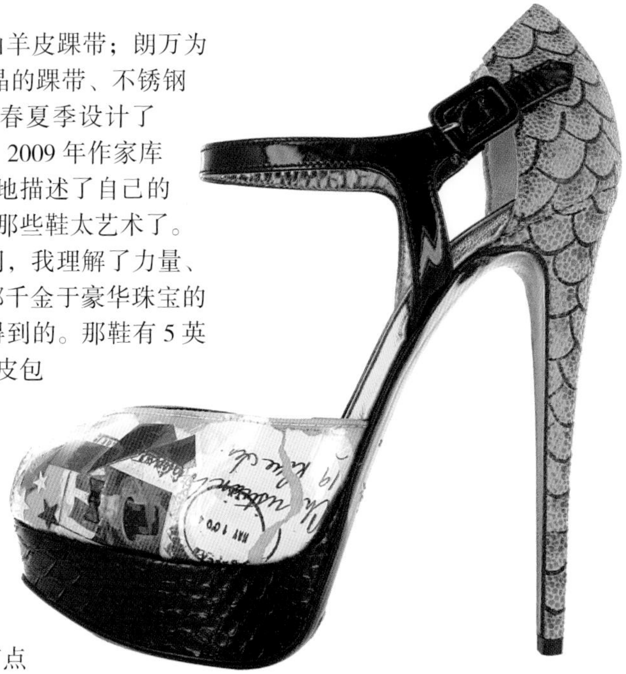

上图：

卢布坦踝带船鞋

　　有踝带和后帮补皮的 6 英寸高跟鞋。极致的鞋底倾斜面露出个人标志性的红色亮光表面。

骑行靴（BIKER BOOT）

上图：
野性骑手

白兰度的靴子很可能出自齐佩瓦，从森林人（Woodsman）堆垛跟，双层皮革半底和长蚶面鞋带能看出来。

1930 年代，最初采用厚实的黑色皮革制作，用来保护摩托车手免受脚部损伤的，马龙·白兰度在 1953 年电影《野性骑手》（*The Wild One*）中饰演少年犯约翰尼时就穿着它，瘦腿的骑行靴便进入了街头时尚的语汇。他反主流文化的制服——李维斯 501s 佩费克托（Levi's 501s Perfecto）皮夹克和厚重的皮骑行靴成为叛逆形象，自此和一系列街头时尚联系起来。

> **这个季节的传闻全是有关（有跟或无跟）骑行靴的。**
>
> ——沙恩·沃森（Shane Watson），2009 年 9 月 20 日《星期日泰晤士报》

摩托车靴衍生自伐木靴，那是需要禁得起最艰苦的体力劳动之一的靴子。最初的骑行靴制造商，像俄勒冈州的威斯克（Wesco）（鞋匠约翰·亨利创建于 1918 年）、齐佩瓦（Chippewa，1901 年），还有戴顿（Dayton，1946 年）始于为满足伐木工人的需要，艰苦跋涉到遥远的伐木场去测量工人的脚，提供定制靴。靴子需要耐穿，正如鞋匠约翰（John Shoemaker）的坦率直言："鞋好坏全在于制鞋的皮革，如果没有制鞋技术，市场上的所有皮革都一文不值。"戴顿的查利·沃尔福德（Charlie Wohlford）是以能修理靴子而闻名的制靴匠，所以他们终于找到比原件更好的构造方式。伐木工、建筑工人和油田的油井工人都穿结实的戴顿靴。

在萧条时期，伐木工作受到随之而来的经济危机的冲击，齐佩瓦开发了一款有扣的黑色皮靴，很方便穿脱的瘦腿管，人们称之为"工程师靴"，因为它最初在西尔斯百货公司（Sears）的销售目录中向土地测量员销售。当骑行摩托车的热潮开始兴起时，"工程师靴"变成全世界飞车党穿着的骑行靴，并作为忠实于自己团伙的标志。1965 年，"戴顿黑美人"双底骑行靴面市，直到今天都一直是公司最受欢迎的典范。固特异滚边结构的戴顿双底"经典工程师靴"估计是做得最结实的鞋，1978 年投入市场；骑行靴或工程师靴在 1980 年代早期开始进入时尚界，直至今日。

缪缪、周仰杰和伊尔·桑德尔设计的新款式竞相登上时装展台，以及冠以英国品牌办公室与绿洲（Office and Oasis）的高街店铺。甚至 UGG（参见第 128 页）也发布了一款，仿旧的卵石纹粒面革制"肯辛顿（Kensington）"骑行靴，涂油防水的表面处理，轻质橡胶鞋底。对男人来说，它们变身为沧桑的式样，令人想起不法之徒的阳刚之气。对女人而言，它们扮演着及膝长靴泼辣的替代品，1990 年代早期，搭配考特尼·洛夫式样飘逸的礼服，为油渍摇滚演出现场所接受，这也处于 2000 年代早期波希米亚时尚占据主导地位的时期。2006 年，《星期日泰晤士报》报道了"重金属姿态"的新版本波希米亚，描写其形象为"穿着嵌满装饰钉、带薄雪纺尺码的皮夹克，用骑行靴在城镇四周踩踏，穿的衣服都有骷髅头。"

2012 年，为了向预言的油渍摇滚的复活表示致敬，夏奈尔发布了黑色小牛皮絮有棉花的骑行靴，同时发布的还有极致四条皮带扣电镀金属的款式，雕刻着双 C 标志，一英寸半的堆垛鞋跟。

右图：
缪缪骑行靴
　　传统骑行靴的现代表达，与
1950 年代的原型略有不同，有一
点点篡改经典。

后空鞋（SLINGBACK）

> 黑色、金色、银色或棕褐色的后空式鞋就是一种投资，在即将到来的夏季（和冬季）就能穿了。
>
> ——杰斯·卡特尼尔—莫利于 2005 年 6 月 11 日《卫报》

后空鞋没有实际的后帮，而是用绕过后跟的襻带来表现后帮的形式，之所以这种风格在鞋靴设计中一直用到今天，是因为它适应从细中跟到高台底绝大多数款式的后跟。后跟系带上有带扣或松紧带，后空襻带使得鞋子稳妥地适合脚的大小。这项创新大约在 1931 年出现在海滩鞋中，在 1930 年代晚期用于鞋上；1936 年《时尚》杂志把它与雅克·海姆（Jacques Heim）和爱德华·莫利纽克斯（Edward Molyneux）的穿戴一起专题报道了后空式鞋跟。

最初引入后空时，与露趾（参见第 210 页）一样，都被认为是很大胆的做法，因为脚的很大一部分要暴露在外，要与加强后跟的长袜搭配。通常，后空鞋是配晚礼服的，裙子可以把长袜的后跟遮挡起来，或者在那十年的后面几年里，光着腿能更多地为人接受时，用作夏季的鞋。到 1940 年代，后空鞋附带一根脚链说明是准备漫步在狂野边缘的女孩，1942 年，莱尔德及舍贝尔（Laird & Schoeber）为一系列后空式高台底鞋做广告，采用"有贵族气质的蛇皮"制成，戏剧性的鲜亮色彩，包括蜡染红、丛林金和鹦哥绿。战争时期资源短缺，后空式成了受欢迎的设计，因为制造商可以从皮革以外的材料中得到补偿，很多美国飞机都画上军旅美人贝蒂·格拉布尔，或者是阿尔贝托·瓦尔加斯（Alberto Vargas）的虚幻绘画作品——几乎仅穿一双后空鞋摆姿势的女孩。

在欧洲，后空式用于楔跟鞋，战后，又多了露趾鞋；1944 年，迪莫罗（Di Mauro）制作了"解放鞋"——猪皮和小山羊皮、绕踝系带、国旗图案覆面的鞋，以庆祝同盟国的胜利。绕踝系带是 1940 年代引入的后空式的变形，襻带在鞋后部略微更高的位置。到 1940 年代末，高

上图：

邦女郎

格雷丝·琼斯穿着后空式鞋在 1984 年詹姆斯·邦德（James Bond）电影《雷霆杀机》（*A View To A Kill*）中饰演梅·戴（May Day）的角色。

左页图：

迪奥 2008 年秋冬季

紫色后空式高堆垛跟鞋创造了优雅的流线型效果。

跟后空鞋成为海报女郎和任何想要树立相当伤风败俗形象的电影明星们的标准配置。

世界最著名的（也是最舒适的）后空式鞋是巴黎的马萨罗（Massaro）在 1957 年为可可·夏奈尔设计的，她想要双舒服的鞋替换匕首跟。她从宁静街（Rue de la Paix）雇请了巴黎鞋匠雷蒙德·马萨罗（Raymond Massaro），该公司创建于 1894 年，多年以来为一系列富有的客户供应靴子、船鞋和潮拖，包括温莎公爵夫人、马琳·黛德丽、伊丽莎白·泰勒以及超级时尚迷达夫妮·吉尼斯（Daphne Guinness）。夏奈尔的后空式便鞋，或者如她所称的"女装皮鞋（soulier）"小跟、宽大柔软的襻带，米黄色和与众不同的黑色鞋包头的双色。马萨罗解释说："黑色、略微方形的鞋包头让脚显得短。米黄色融合在整个身体中，让腿显得长。这是个非常纯净的设计，优雅的襻带使这一特点更加突出。我们放弃了用带扣的想法，那样看起来有点老套，宁愿在低帮内侧加一点橡筋。橡筋可以按脚的形状调整，随着脚部的活动调整每一次的张拉强度。"选用米黄色是夏奈尔设计的关键，如她所说："我抓住米黄色这根稻草，因为它显得自然。"夏奈尔喜欢米黄色暗示了富有客户的肤色，也从视觉上加长了腿部。鞋的黑色鞋包头有功能性的原因，穿着它走路，鞋不会显得脏或有磨损，受黑色皮质鞋包头启发，夏奈尔注意到她朋友威斯敏斯特公爵（Duke of Westminster）游艇上的船员就穿着它。

下图：

ECO 露跟鞋

维维恩·韦斯特伍德的"梅利莎龙夫人（Melissa Lady Dragon）"后空鞋采用易于清洁的可持续橡胶。

穿上高跟鞋，不性感都难。

——汤姆·福德（Tom Ford）

马萨罗的后空鞋是在第二次世界大战期间，在设计师相当没有把握的动作之后，夏奈尔公司（House of Chanel）注定要成功的重新发布完整套装的一部分。1940 年，夏奈尔在德军占领后仍留在巴黎，同德军一名聪明的军官范丁克拉格男爵（Hans Gunther Von Dincklage）藏身于奢华的里茨酒店

（Ritz Hotel）。战事结束时，夏奈尔下降的声望导致了在瑞士的受压抑时期，之后重回巴黎，毁誉参半地成功发布了重出江湖的作品集。果决的设计师决定更新易于穿脱的标志性形象，认为独特的卖点在于提供了迪奥新风貌限制性外观的对应物。开发于 1920 年代她的经典花呢套装，搭配有穗带、贴袋和镀金纽扣的无领开襟羊毛衫，穿上马萨罗的后空鞋，成为战后成千上万女性的标志形象。

该鞋现在成为 20 世纪被复制得最多的设计之一，很多制鞋商发布自己的版本，包括约翰与戴维（Joan & David），这是由夫妻档约翰和戴·哈尔彭（David Halpern）成立于 1977 年的美国品牌，他们的夏奈尔船鞋就是对双色原型的礼赞。后空式设计的其他创新由贝丝·莱文研发于 1950 年代；1952 年，该设计师发布了"协奏曲（Concerto）"绳索后帮的晚宴便鞋，采用后跟跟口装饰黑玉和闪光莱茵石的亮红色小山羊皮，展现出设计师在鞋靴设计中对装饰鞋的下部如同鞋面那样的一贯兴趣。1955 年，莱文用黑色皮革设计了"制作中（Under Construction）"露趾后空鞋；该鞋有片短鞋底，放在脚的拇趾球下方，鞋底面其他位置则没有。皮质鞋面缠绕鞋的所有其余部分，形成更紧密的配合，用镀金鞋钉装饰成图案。

后空鞋在整个 1960 年代流行中跟或低的堆垛跟，1970 年代则是匕首跟或楔跟。如今仍然是主要的最受欢迎的晚宴鞋款式，正如作家米米·斯彭斯（Mimi Spencer）指出的，因为它是"最具诱惑力的鞋，主要是因为襻带总是处于要断开的境地，让意乱情迷的你，踝部以下赤裸裸。后空鞋，就是有点随意，由此产生无可救药的性感。也给人错觉，把目光从侧边一直一览无余地引导至脚趾。"

上图：

细中跟鞋

漆皮现代普拉达后空鞋，似乎与 1960 年代的相应作品分辨不出差别。

懒汉鞋（LOAFER）

懒汉鞋是易于穿脱的、低帮、无带鞋，其特征通常是前端有流苏或作为经典古琦懒汉鞋标志的马嚼子。懒汉鞋源于挪威休闲鞋，但从 1980 年代，渐渐成为搭配西服套装都能令人接受的正装鞋。在美国，流行的衍生品是平底便鞋或叫便士鞋（参见第 208 页）；在欧洲，懒汉鞋在古琦懒汉鞋中得以最佳表现，成为极致优雅的最新型鞋。20 世纪初，创始人古乔·古琦（Guccio Gucci）在伦敦萨伏伊酒店工作之后，决定采用马术装饰细节，独特的马嚼子便在 1960 年代最先引入品牌商品中。他意识到特权精英们对马的喜爱，认为兽类的暗示能够赋予这个创建于 1921 年的意大利新品牌以古代世界的典雅。马嚼子最初用于马鞍形缝制的手袋上，从那以后，连同印刷的标志图形，以不同大小用作装饰配饰的五金件。1953 年，马嚼子第一次用在男式黑色或棕褐色猪皮懒汉鞋上，约翰·韦恩（John Wayne）、克拉克·盖布尔（Clark Gable）和弗雷德·阿斯泰尔都穿过，1968 年，女式款面市。

下图：

欧洲别致的款式

通过独特的受马术启发的马嚼子链环，立刻就能认出标志性的古琦懒汉鞋。

> 如果你爸爸穿着女人的衣服和厚底鞋，那多怪异啊，而懒汉鞋倒显得令人不可思议了。
>
> ——Moon Unit Zappa

到 1960 年代，古琦的杏仁形有趾懒汉鞋在伦敦邦德街（Bond Street）有售，这是以名贵品牌闻名的商业街，因其含蓄的国际化意大利品位，人们把它看作是取代牛津鞋（参见第

90 页）或切尔西靴（参见第 140 页）的时髦物品。1979
年，达斯廷·霍夫曼（Dustin Hoffman）光脚穿着古琦懒
汉鞋出现在奥斯卡获奖电影《克莱默夫妇》（*Kramer vs
Kramer*）中，该鞋进入流行的另一个阶段，为名流人物
或国际商人所接纳。在整个 1980 年代，男人和女人都穿
懒汉鞋，它象征着生意上的成功，在《上流社会青年指
南》中，它也象征着上流社会的时髦，时尚评论员彼得·
约克（Peter York）和安·巴尔（Ann Barr）把它描述为"英
国上流社会时髦女子的鞋"，年轻的上流中产阶级女性
社会地位的鞋表示她获得了上层职位。

　　古琦懒汉鞋现在是经典男士鞋，由专业工匠在佛罗
伦萨制作，采用染色皮革略微形成岁月之感。它们优雅
的声望意味着古琦懒汉鞋开始引起更年轻客户群的好感；
它极力把庄重完美与舒适相结合，这是商务鞋很难完成
的事。在日本很受欢迎，因为进房间时，可以很方便地
穿上脱下。巴利（Bally）懒汉鞋的特征是流苏装饰；托
德（Tod）懒汉鞋或驾车鞋则是鞋的出边外底上的爪钉。

　　2010 年代，正如芭蕾平底鞋和威灵顿长靴，作为高
跟鞋舒服的、时髦的替代物，懒汉鞋在女性鞋靴中已东
山再起。2010 年，古琦的创意总监弗丽达·詹妮妮（Frida
Giannini）宣布它回来了，表示马嚼子懒汉鞋是古琦档案
中最具标志性物品之一："它是绝对的经典。我每季都做
设计，更新款式、用料和装饰细节，但鞋本质的美感和
功能性始终如一。"2011 年，汤米·希尔芬格（Tommy
Hilfiger）发布了一款高跟懒汉鞋，考究的日间鞋款型。

下图：

拼合（2012 年春夏季）
　　这只加利亚诺跨界混搭鞋只
有前部保留着标准流苏款懒汉鞋
的可辨识特征。

踝靴（ANKLE BOOT）

> 我在与假日凉鞋做抗争，知道为什么吗：我只想穿踝靴。
>
> ——波莉·弗农（Polly Vernon）于2010年8月1日《卫报》

盎格鲁—撒克逊人在厚实的羊毛长筒袜上穿的一种不定形的短靴，但在1066年诺曼征服（the Norman Conquest）之后，靴子渐渐地越来越高。19世纪，穿紧身、前端和侧面系带的靴子或者扣纽扣的半统靴（或叫半长靴），但随着裙摆的提高，踝靴过时了，因为它在裙边和脚踝之间留下不雅观的间隙。不过，踝靴在男性时尚中始终如一，主要是因为习惯性地穿于裤子内侧，避免了长筒靴造成难看臃肿的轮廓线。

1920年代，女性鞋靴时尚中流行的是穿胶套鞋，两次世界大战期间的大部分时期，半长筒靴并没有看作是流行鞋靴，它完全是实用性的款式。安德烈·佩鲁贾是最初开始试用踝靴或1930年代称为"女式短靴"的鞋设计师之一，注重形象大于功能。这与时尚界的超现实主义运动影响相一致，这一艺术运动最初在1920年代出现于保罗·艾吕雅（Paul Eluard）和路易斯·阿拉贡（Louis Aragon）的诗歌中，还有萨尔瓦多·达利声名丑恶的绘画和行为艺术中。超现实主义崇尚怪异，用抽象图形表现无意识的作品。巴黎是超现实主义和时尚的中心，这两个领域注定会有所碰撞，就像在意大利高级时装设计师埃尔莎·斯基亚帕雷利的作品中展现的，为满足大批高雅客户群的要求，她以时尚冲击力制作服装和配饰。时尚达人在去往里茨酒店的途中会在旺多姆广场（Place Vendôme）她的精品店外逗留，对着奇异的橱窗陈列出神，那里有包括达利的影星梅·韦斯特（Mae West）嘴唇形状亮红色沙发。鞋靴已经成为她工作的主体，但都是典型的超现实主义样式。她的追随者称之为"斯基亚普（Schiap）"的是带有艳粉红色天鹅绒鞋跟的鞋和黑色高跟船鞋，英国社会名流黛西·费洛斯（Daisy

上图：

《神秘约会》（*Desperately Seeking Susan*，1985年）

场景中麦当娜穿着鞋口向下卷边的细中跟踝靴，黑色小山羊皮嵌饰人造钻石。

左页图：

极简主义踝靴

阿玛尼为2011年秋冬季设计的清净澄明作品，蛇皮镶嵌成为装饰性重点。

超现实主义踝靴

　　佩鲁贾 1938 年为埃尔莎·斯基亚帕雷利创作的恶名远扬的鲁性猴毛踝靴。

Fellowes）就穿着它。1938 年，斯基亚帕雷利与安德烈·佩鲁贾合作，创作了怪异恋物特征的黑色小山羊皮踝靴，覆盖着长棕褐色猴毛的修边，就像从筒口长出来的，拖曳在地板上，把人脚变成野兽。

　　萨尔瓦托雷·菲拉格慕也用土灰黄色小山羊皮创作了一双古怪的踝靴，带角形鞋包头。但这些都不过是昙花一现，并没有形成时尚，《时尚芭莎》（Harper's Bazaar）编辑卡梅尔·斯诺（Carmel Snow）1939 年对鞋时尚协会（Shoe Fashion Guild）讲话时便证明了这一点，她说："我清楚你们心里对短靴有疑虑。当然，还是要把靴子展示出来，不可能把它忽略掉。但人们是否能慢慢接受它……是非常值得怀疑的。有一年的时间，M. 佩鲁贾在巴黎向我展示他的半长靴。他告诉我是最精明的客户定制的，可我并没有看到巴黎哪一个精明的女人穿着它。如果法国女人不会这么轻易地接受它，我找不到美国人能接受的理由。我们身体最美的部位是踝部，这种靴分隔了踝部的线条。"实际上，这就是踝靴的问题，它把注意力吸引到笨重的腿部，女人都认为只有配长裙穿它才好看，就像 1950 年代，冬天为保暖穿的拉链踝靴，或是 1960 年代，年轻姑娘们穿着烟管裤的时候穿，如 1966 年，菲拉格慕为碧姬·芭杜创作的"一脚蹬"柔软的蓝色天鹅绒套穿踝靴，侧边有假鞋扣。迷你裙露出更多的腿部，1960 年代的大部分时间，踝靴的应用受到限制，长及小腿的库雷热平底靴或高及膝盖的长筒靴和戈戈靴正当其时。

　　1970 年代宽大的喇叭裤宣告了踝靴的终结，直到这一款式在亚文化形式中获得成功。在 1978 年朋克死亡之后，新的街头时尚在伦敦社团中出现，一种受历史上的化妆盒启发的非常引人注目的戏剧性形象，全世界与时尚、艺术、设计和音乐有关的先锋派创意人员穿着这一款式，包括女帽设计师斯蒂芬·琼斯（Stephen Jones）和传奇品牌人体图（Body Map）的时装设计师戴维·霍拉（David Holah）。到 1979 年，在时髦的鲁斯蒂·伊根（Rusty

Egan）做主持人和 DJ 的"俱乐部绯闻之鲍伊之夜（Club Gossip's Bowie Night）"短暂停业之后，这项新运动的中心重新迁移到伦敦西区（West End）一家名为布利茨（Blitz）的不起眼的酒吧。施以粉黛的丑角、修女和花花公子聚集在一起，穿着国产的华美服饰，拒绝朋克的部族入侵，朋克那些劳工阶层装腔作势的豪言壮语似乎已是过时的了。这个圈子里的人被称作新浪漫运动的年轻人（Blitz Kids），布利茨把门的是独一无二的史蒂夫·斯特兰奇，因不让米克·贾格尔（Mick Jagger）入内而出名，衣帽间的服务生则是博伊·乔治。所谓服饰的"性别偏移"（1983年最先在英国《太阳报》使用的词语）吸引了报界的关注，这些人迷恋男扮女装或女扮男装，对他们有各种称呼，装腔作势的人、爱慕虚荣的人，最后留下的名字——新浪漫主义者（New Romantics）。在时装表演领域，新浪漫主义形象最有目共睹的展现就是维维恩·韦斯特伍德 1981 年秋冬季潇洒而艳丽的"海盗作品集"，这是一台包括海盗靴（参见第 178 页）在内，融合各种历史潮流倾向的时装秀，赢得关键性的成功。

顺时针自左上图：

纪梵希，1979 年

　　带红色纳帕皮沿口和蝴蝶结的高跟黑色小山羊踝靴。

卢布坦，2011 年秋冬季

　　有光彩耀目修边的踝靴，匕首跟和标志性红色鞋底。

加利亚诺，2011 年秋冬季

　　有踝带、豹纹前帮盖和高匕首跟的靴形鞋。

马克·查尔斯（Mark Charles）

　　厚实的"卡米·塔恩（Camy Tan）"踝靴有一个暗藏的高台底和多皮带扣的装饰细节。

阿佩莱借助 2011 年的蓝—黑错觉踝靴走向立体主义。

新浪漫运动的年轻人形象走向国际化。对于想花钱成为这一新街头时尚成员的青少年来说，靴子是买得到的布利茨靴——尖头鞋（与朋克一起获得意外复兴的 1950 年代鞋包头形状）和有襻带、鞋钉和皮带扣的恋物癖鞋的跨界混合。尽管亮蓝色、红色和白色也很流行，通常采用黑色小山羊皮或皮革，此款创新的踝靴前端有拉链，为三条带鞋扣的束带盖住，还配有低堆垛跟；很快有了该靴的鞋版。哥特派（Goths）接受了布利茨靴，它保持着亚文化的身份，哥特派是一支后朋克流派，在 1980 年代早期，聚集在苏豪区的"蝙蝠洞（Batcave）"夜总会，听着包豪斯音乐（Bauhaus）、苏可西与女妖乐队、治疗乐队（The Cure），以及后来的仁慈姐妹乐队（Sisters of Mercy）和使命乐队（The Mission）的音乐。早期哥特派的形象以黑色为基本要素，从眼线和指甲到瘦腿裤和布利茨靴，但是到 2000 年代，其形象变为更明显地与历史相关，从英国维多利亚时代布拉姆·斯托克（Bram Stoker）令人毛骨悚然的小说《德拉库拉》（Dracula，1897 年）和电影《夜访吸血鬼》（Interview with the Vampire，1994 年）中获取灵感。布利茨靴也增加了很厚重的高台底和闪耀的漆皮表面处理效果，为每一个十几岁有着文身和穿孔的哥特派青年带来仪表堂堂的风度。2000 年代，在亚历山大·麦昆和加雷斯·皮尤的作品中体现出时尚界的哥特复兴，布利茨靴在追求独特风格的人中间也有过短暂的复兴，期冀能被平民街拍手拍到，但那只是消退的时尚浪潮之一。

女孩子最好的朋友是鞋跟，而不是钻石。

——威廉·罗西（William Rossi）

1980 年代是各种款式踝靴激增的时期，裤子在踝部呈锥形，短靴成为奇妙的焦点，紧身裤包在腿上，形成腿部的伪装。精灵靴、中性风格的毛发靴（tukka=hair）和卷边踝靴都穿起来了；在电影《神秘约会》（Desperately

Seeking Susan，1985 年）中，罗莎娜·阿奎特（Rosanna Arquette）扮演罗伯塔（Roberta），麦当娜出演苏珊（Susan）——一名市郊家庭妇女。她一穿上红色卷边踝靴，就完成了服装上的转换。在另一个标志性场景中，麦当娜在一家旧货店中，用她的金丝金字塔图案装饰的短上衣抵价购买华丽的卷边中跟嵌饰人造钻石的黑色小山羊皮踝靴。

2000 年代早期见证了踝靴设计的另一项创新——靴形鞋，或叫"靴鞋（shoot）"，可以看成高帮鞋或者低帮踝靴的鞋靴产品。它是 2007 年的"流行"配饰品，其受欢迎的态势保持至今；靴鞋刚好低于踝骨，鞋面上沿前低后高，为弥补腿在视觉上的中断效果，它有平流层鞋跟加高台底。与靴鞋兴起关系最密切的设计师是亚历山大·麦昆，以作品集中表现现代蛇蝎美人令人敬畏形象的勇敢而坚定的设计而著名，如 1996 年春夏季"饥饿"作品集。在麦昆手中，靴鞋的鞋跟绝非摇摇晃晃的时尚牺牲者，而是致力于毁灭的勇士。2010 年他去世后，时装公司继续发布该款式的新版本，包括 2011 款后空式"炫彩亮光靴鞋"，黑色小山羊皮制作，有鲜艳的粉红色鞋跟和束带。靴鞋开始流行起来，因为裤子的外形线已经很瘦了，足以能和鞋相配；也许最不一般的，是靴鞋已经能搭配最短的裙子了，主要是因为它极为巧妙的迎合设计。在极端身体意识时期，允许以经受健身房磨炼的体型成为时尚的高度，这也是个趋势。

2012 年，踝靴继续着它的优势，时装设计师和主流品牌都展示了设计；迪奥发布了优雅的鱼嘴维多利亚式启发的高台底踝靴，采用象牙黄色饰带，包裹象牙黄色缎子的紧身衣般的鞋跟；与此形成鲜明对比的是舒傲慢的"汉普·齐普·格利特（Hamp Zip Glitter）"踝靴，它有斜向的拉链和受 1980 年代启发的锥形鞋跟。

上图：
巴洛克和卷边
塞尔焦·罗西踝靴的沿口形成戏剧性的漩涡形花饰。

平底便鞋（WEEJUN）

上图：

冷静的仲裁人

演员詹姆斯·迪安冷漠地跨坐在摩托车上，嘴里叼着雪茄，脚上穿着平底便鞋（1955 年）。

平底便鞋是线条简洁整齐的美国经典鞋，由建立于缅因州（Maine）的 G.H. 巴斯鞋业公司发布于 1936 年，起源于 1876 年制靴匠人和制作莫卡辛鞋的匠人为满足伐木工人和樵夫的需求。1930 年代，乔治·亨利·巴斯发现了挪威农夫穿着的进口平底莫卡辛鞋面便鞋。他把它改造为美国人的休闲鞋，手工缝制的正面，皮质鞋底和鞋跟，横穿正面还增加了带钻石形镂孔的皮质束带，为了向原型表示敬意，他命名为"Weejun"，一如"挪威人（Norwegian）"的发音。1940 年代，穿平底便鞋的人在前面的镂孔里塞一角硬币，也就是一次投币电话的价钱，后来换成更好看怡人的闪光便士，早期的时尚定制活动为这款鞋取了个诨名"便士懒汉鞋"。人们看到反叛型的年轻演员詹姆斯·迪安（James Dean）及后来的约翰·肯尼迪脚上的平底便鞋之后，它获得了很酷的声誉。

巴斯的平底便鞋也是美国东海岸中上层社会精英常春藤联盟形象的重要部分。在哈佛大学和耶鲁大学，通过布鲁克斯·布拉泽斯（Brooks Brothers）和 J. 普雷斯（J. Press）时装店演化了的风格是休闲典雅：自然肩衬里形成软构造的单排扣套装、领尖钉有纽扣的衬衫、卡其裤、防风夹克外套和平底便鞋，校园里享有特权的白人盎格鲁—撒克逊新教徒，在被美国黑人的爵士音乐家，包括在舞台上穿着马德拉斯夹克、卡其裤和巴斯平底便鞋的特洛尼尔斯·蒙克（Thelonius Monk）和迈尔斯·戴维斯（Miles Davis）彻底颠覆之前，就是这样穿的。1955 ~ 1965 年间，很多忧郁的西海岸演员也借用这样的形象，将其从刻板的校园风转变为美国酷的高度。在电影《毕业生》（*The Graduate*，1967 年）中，达斯廷·霍夫曼饰演大学生本杰明·布拉多克（Benjamin Braddock），罗伯特·雷德福（Robert Redford）在电影《新婚燕尔》（*Barefoot in the Park*，1967 年）中，史蒂夫·麦昆（Steve McQueen）和保罗·纽曼（Paul Newman）都把常春藤盟校的形象转变为征服男装世界的闲散男子汉气质的视觉效果，其回响持续至今。

1970 年代后期，一位日本人对常春藤盟校校园风格的研究，林田英善（Teruyoshi Hayashida）拍摄的摄影作品集《捕捉常春藤》（*Take Ivy*，1965年）获得了受崇拜的地位。晦涩的图像伴随匪夷所思的注解展现了穿着格子花纹的百慕大式短裤、颜色鲜明的运动上衣和平底便鞋的学生漫步在枝叶茂盛的四方庭院中，重新引起人们对这一最具美国特点的形象的兴趣，1980年《权威预科生手册》（*The Official Preppy Handbook*）的出版强化了这一点。迈克尔·杰克逊穿黑色平底便鞋配白袜，正处于全面重新发现美国经典时期，包括李维斯501牛仔裤和雷朋徒步者眼镜，以及富有青春活力、五彩缤纷、更加光彩夺目的常春藤盟校的表达，称为"预科生（preppy）"（预科学校预科期之后），主导拉尔夫·劳伦、J. 克鲁和汤米·希尔芬格男装生产线。巴斯平底便鞋保持着流行经典；2009年，原型平底便鞋的淑女款"多佛（Dover）"出台，2011年，公司与汤米·希尔芬格在"转换的原型（Originals With a Twist）"方面展开合作，采用羊毛格子呢、马驹皮、小山羊皮和镜面抛光皮开始了经典平底便鞋生产线，色彩方案为深绿色、深蓝色、赭石色和经典的酒红色。

顺时针自左上图：

巴斯徒步者

金色皮革，横跨正面有饰带，起初里面塞一个便士。

常春藤盟校

便士懒汉鞋成为经典"预科生"式样的特征。

莫德（Mod）懒汉鞋

经典的巴拉库塔（Barracuta）"米勒（Miller）"懒汉鞋，带有浮雕商标图案前帮盖和手工缝制鞋面。

黑—白巴斯鞋

2011年春夏季的永恒的单色徒步者，带有便士饰带和加衬垫鞋床。

鱼嘴鞋（PEEP-TOE）

脚趾头，正往外偷看呢，等着有人吻它！

——克里斯蒂安·卢布坦谈及他的"特鲁啦啦（Troulala）"鱼嘴船鞋

鱼嘴鞋发明于1938年，伤风败俗的名字让人想起春宫亭（peep-show machine），一种按理可以在游乐场和集市场地找到的色情娱乐形式，放映俏丽的相片。人们认为鱼嘴鞋是一种生动活泼的形式，它是在鞋前端去掉了一部分鞋面，刚好把脚趾尖露出来，可用于各种款式，通常是高跟和低帮。

以前也露过脚趾，但只是在海滩上，穿着露趾的夏季凉鞋，那是为了让脚凉快。鱼嘴鞋有某种颠覆性诱惑力，也许它只是露出脚的很少一点，但是很明显开口部分并非出于功能性要求，这是一双用于展示的性感的鞋。鱼嘴鞋善于调情，展露脚趾完全是为愉悦观看者，唤起无处不在的恋足者潜意识的欲望。此款鞋具有更多暗示性特点，所以，事实上为了让它显得优雅，必须光脚穿，否则长袜在脚趾处的加厚会暴露出来。

想到城市里女人们炫耀裸露的大腿，曾经会激起狂怒。1939年，美国《时尚》杂志总编埃德娜·伍尔曼·蔡斯（Edna Woolman Chase）请求鞋时尚协会不要再宣扬鱼嘴鞋了，她说："从一开始，我就觉得它是非常糟糕的样式，"又说"我请求你不要再把露趾鞋、后空鞋推广为街头服饰。露趾鞋可能适合穿礼服时穿，不适合在城市中漫步时穿。它们不适当、不雅观，还很下流。你们那些不可行的鞋靴毁坏了我们的双脚。如果有一天女人们就是要抛弃你，痛打鞋底并把铃铛系在脚趾上说'鞋子都见鬼去吧！'我一点都不觉得奇怪。"1954年，她又补充道："你只要看看这个国家女性的脚，就会同意我离成功还差得很远。"

暴露脚趾引起的恐慌反映了时尚中对女性身体的普遍监察，尤其是允许出现在好莱坞电影中的服装设计。1930年的《海斯律规》（*The Hays Code*）采用对裸体的

上图：

银屏魔女

阿瓦·加德纳穿着鱼嘴鞋拍照的1952年，这款鞋已成为性感的银屏时尚。

左页图：

哦，啦啦！

"特鲁啦啦"可以露出大脚趾的鱼嘴鞋，卢布坦作品。

禁令来禁止电影中"不检点或过分的暴露"，包括一瞬间乳沟的闪现。像阿德里安这样的设计师绕开禁令，设计符合每一处轮廓线的紧身斜裁连衣裙，明星们穿的时候经常不穿内衣，例如琼·哈洛，连衣裙太紧了，形成透视效果。鞋也开始了展露肌肤的方式，越来越多的鞋面被切掉；鞋靴变成带襻的，潮拖和后空式完全没有了后帮。鞋甚至专门采用透明乙烯基塑料鞋面，加上装饰性蚀刻花纹或镶嵌人造宝石。到那十年尾声时，《维多利亚倡导报》（Victoria Advocate）专门发文章报道："这一时的狂热尚没有得到普遍认可"，倡言露趾鞋正走向衰落，预言略有抬头的不露趾鞋，称为苏丹、土耳其或斗牛犬的随时都会成功。确实，第二次世界大战期间，鱼嘴鞋不被看好，这样的鞋投入生产将是危险的，意味着脚趾会易于受伤，可苏丹鞋包头也并没有取得彻底的成功。

到1950年代，鱼嘴鞋轰轰烈烈地重新流行起来，晚上搭配最透明的长袜一起穿，缘于针织技术的进步，现在的长袜可以与赤裸的双腿和双脚别无二致。1952年，菲拉格慕设计了"克拉雷塔（Claretta）"鱼嘴露跟便鞋，前帮由两片棕褐色蓬托瓦粘胶草秆纤维或人造稻草制成的两个半圆片，一根光滑的棕褐色皮质束带把它们横向分开；查尔斯·乔丹（Charles Jourdan）发布了一系列受欢迎的鱼嘴鞋，整个十年间一直有人穿。到1960年代，露趾取代了低调的鱼嘴，明显表明解放的一代更张扬的性习俗，而在1970年代重新恢复活力，同样的情况还有长袜和吊袜带，旧时尚中的诱惑象征又被新一代人重新找回。比巴对此一怀旧风格的复兴也出力不少，因为很多时装消费者钟情于品牌创始人芭芭拉·胡拉尼凯通过银屏提供怀旧风最新信息的方式。

从那时起鱼嘴鞋一直作为经典鞋靴款式，运用于高台底鞋、楔跟鞋、锥跟鞋及平底鞋中，鞋设计师克里斯蒂安·卢布坦最有效地用于类似2005年"悠悠·奥拉图（Yoyo Orlato）"的款式中，黑色天鹅绒鱼嘴鞋，水晶覆满鞋跟。他自17岁便爱上了鱼嘴鞋，那时，萌芽阶段的设计师开始拜访"疯狂女郎秀（Folies

下图：

视错觉（2001年秋冬季）

皮埃尔·哈迪的"视幻主义（trompe l'oeil）"黑色—象牙黄色小山羊皮圆齿形边缘、匕首跟鱼嘴鞋。

顺时针自左上图：

玻璃纤维靴（2011 年秋冬季）

出自詹马可·洛伦齐（Gianm-arco Lorenzi）大量装饰的未来主义鱼嘴鞋。

"特里亚纳（Triana）"鞋

布里安·阿特伍德（Brian Atwood）附有流苏装饰细节的鱼嘴踝带高台底鞋。

马克·雅各布斯的马克鞋

受 1980 年代影响的细中跟鱼嘴船鞋，采用浅绿色小牛漆皮（2006 年）。

克里斯蒂安·卢布坦

有大蝴蝶结装饰的匕首跟鱼嘴鞋，令人想起 1950 年代好莱坞的魅力。

Bergere）"的后台，观察并写生歌舞女郎，"部分是冲着她们的表演、闪光和亮片，但最主要的是观察她们走路的方式。"高跟鞋穿在他所见过最迷人的女人的脚上，这些成长过程中的经历引导他创作具有个性张力的、悸动的鞋，让双脚为销魂做好准备。2003 年秋冬季的"特鲁啦啦"鱼嘴船鞋公然炫耀性引诱，匕首跟黑色或红色漆皮船鞋，圆形切口露出大脚趾的前三分之一，其他的一概不露。

沙漠靴（DESERT BOOT）

这款有橡胶绉胶底和双孔鞋带的柔软绒面皮踝靴是内森·克拉克（Nathan Clark）1949 年的创新，内森是著名的克拉克鞋业王朝1825年创始人詹姆斯·克拉克（James Clark）的曾孙。克拉克沙漠靴是驻扎在北非的英国士兵绉胶底靴的首次正式生产款。部署到海外之后，他们发现军队配发的鞋靴不适应炎热气候和埃及的沙地，所以在开罗当地集市定做了橡胶绉胶底的绒面皮靴。在 1940 年代，内森·克拉克曾作为皇家后勤部队成员在缅甸服役，他熟悉沙漠靴，他“认为这些靴子的款型一定会做出全方面优良的鞋。”

下图：

新样式

出自利内亚（Linea）的“奥利弗”楔跟沙漠靴，1997 年由弗莱莎百货（House of Fraser）发布的品牌，这是创建于 1848 年的英国连锁百货商店。

我能把高跟鞋和伞兵服搭配到一起，或者是礼服和沙漠靴。

——拉尔夫·劳伦

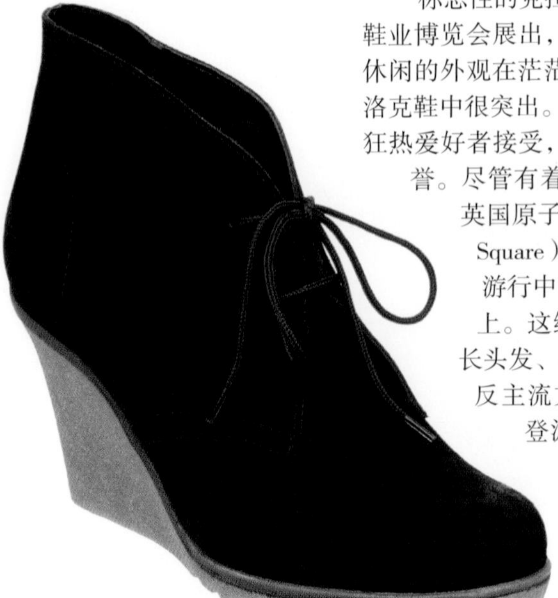

标志性的克拉克“沙漠靴”的原型在 1949 年芝加哥鞋业博览会展出，表现出受到压倒性的欢迎，它舒适、休闲的外观在茫茫一片朴素的牛津鞋和成熟了的镂孔布洛克鞋中很突出。到 1950 年代中期，沙漠靴为爵士乐的狂热爱好者接受，最终获得了相当放荡不羁、理智的声誉。尽管有着军事方面的起源，从奥尔德马斯顿的英国原子武器机构到特拉法尔加广场（Trafalgar Square）自 1958 年首次开始举行的核裁军运动游行中，该靴出现在英国“垮了的一代”的脚上。这给它打上抗议性鞋的烙印，尤其是穿在长头发、牛仔裤和厚粗呢大衣者的脚上。沙漠靴反主流文化的名声在 1960 年代依然如此，摩登派用来在骑轻便摩托车时保护脚踝，创始人内森·克拉克记得看见 1968 年 5 月巴黎暴乱的新闻影片，满意地发现“所有控制路障的学生都穿着沙

漆靴。"鲍勃·迪伦和反派演员史蒂夫·麦昆穿过之后，沙漠靴也侵袭到美国大学校园中，克拉克挖掘到这个独特的卖点，用到在美国的广告中，伴随的品牌口号是"别具一格的便装获得积极向上的心智"，又补充为"这是创造性人士的世界性选择，宁要坚毅阳刚的平心静气，也不要不堪一击的老于世故。"

到 1970 年代，沙漠靴不再是时尚先锋的鞋靴，那个地位让给了迷惑摇滚的高台底鞋，而且，就像短外套，它似乎成了适合中年人的款式，失去了魔力。果酱乐队（The Jam）主唱保罗·韦勒（Paul Weller）在 1970 年代后期引领摩登派复兴，使他们获得短暂的风头，而 1990 年代的英伦摇滚（Britpop）运动才真正地让沙漠靴重见天日；史密斯的约翰尼·马尔（Johnny Marr）和绿洲的利亚姆（Liam）与诺埃尔·加拉格尔（Noel Gallagher）重新发现了它，使其成为不列颠经典品牌。女性从一开始就穿沙漠靴，而在 2009 年，在公司第 16 周年之际，克拉克引入完全女性款型，"亚拉（Yarra）沙漠鞋跟靴"，迈出远离作为军队简朴的运动鞋起源的真正一步。

右上图：

克拉克沙漠靴原品，用于炎热地区的户外鞋，1950 年代获得了放荡不羁的声誉。

右下图：

主流跨界

2010 年代，包括卡韦拉在内很多品牌给这款靴增加了鞋跟，将其转换为潇洒的城市鞋靴。

小山羊皮软底鞋
（BROTHEL CREEPER）

（文件）一直在向时尚的标准靠拢，而小山羊皮软底男鞋已经占了上风。

——贾尔斯·哈特斯利（Giles Hattersley）
于 2011 年 10 月 30 日《星期日泰晤士报》

第二次世界大战期间的北非和中东，英国士兵发现部队配发的标准鞋不适应海外酷热的气候。他们聪明地要求当地市场的鞋匠定制称为沙漠靴的鞋，一种有橡胶绉胶底的粗制系带小山羊皮靴，完美适应在沙漠的热沙上行走（参见第 214 页）。一些军事人员也发现了开罗的红灯区，他们独特的小山羊皮鞋被称为"妓院潜行者"，大概是因为有了绉胶鞋底，就能安静地出入肮脏不堪的场所。

1949 年，回到英国鞋靴业中心的北安普敦郡，一个从 1906 年便已遍布全球的公司乔治·考克斯（George Cox）采用沙漠靴的绉胶底，并把它扩大到极致的比例。最终得到的是风格化的鞋，天然生橡胶的厚楔跟底，穿过鞋面和衬里缝合在内底上的沿条。考克斯的小山羊皮软底鞋有色彩艳丽的绒棉织物或皮革鞋面、鞋扣和僧侣鞋扣或穿鞋带用的 D 形环。绒面软底鞋的超大尺度款式的配件极力摆脱所有明显女性的暗示，获得早期战后青年亚文化之一所选鞋靴的名声。不良少年来自伦敦很多最贫困的地区，包括埃勒芬特（Elephant）和卡斯尔（Castle），在伦敦大轰炸中遭受严重破坏。就像年轻的摄影师肯·鲁塞尔（Ken Russell）见证的，在被炸区域中间，第二个伊丽莎白时代的年轻人开始用所谓的爱德华七世时期的服饰表达他们的个性：窄翻领、带斜纹棉布或缎质衣领、鞋带式领带和紧身瘦腿裤、过膝长外套的瘦长套装。头发是焦点，在后面用波士顿（Boston）领圈理清楚，头顶上的头发很长，形成油腻的庞帕多头巾发式。

上图：
少年风（Juvenile style）

1952 年在德国举办的吉特巴舞冠军赛（Jitterbug Championship）上，男选手穿着橡胶底小山羊皮软底鞋。

左页图：

阿希什为女性设计的大尺度犬牙格子花纹的小山羊皮软底靴（2011 年秋冬季）。

对于没有真正掌控自己教育、工作或经济状况的青少年来说，个性要靠个人的外表来表达，靠穿衣打扮的方式使自己出众。小山羊皮软底鞋就是这样能让人眼前一亮的鞋靴款式，穿在脚上的分量平衡了发型的比例，瘦腿裤的轮廓又突出了它。绉胶鞋底也适合身体活动的摇摆舞，这种充满活力的舞蹈与美国比尔·黑利（Bill Haley）和他的彗星乐队（the Comets）及钢琴家与极端人士杰里·李·刘易斯（Jerry Lee Lewis）演奏的摇滚乐的出现联系在一起。

　　太保不久便有了坏名声，作为与沉迷于摇滚乐的少年犯有关的地区性帮派，是欧洲最早的青少年反叛之一，紧跟詹姆斯·迪安在电影《无因的叛逆》（*Rebel Without a Cause*，1955 年）的模式，小山羊皮软底鞋保持着共鸣，是新生的青年团伙主要服饰选择对象。然而，到 1960 年代早期，太保的形象改变为能够进入时尚领域清新的世界主义感觉。太保们享有积极爱国之名，1958 年在诺丁·希尔（Notting Hill）种族骚乱中的出现使自己几乎成为鸡肋，一个新的青少年组织——摩登派接受了黑人文化。1970 年代早期，在流行艺术形式中再次出现太保形象，鲜艳色彩的卡通款代替了迷惑摇滚运动，先锋派艺术家杜金·菲尔茨（Duggie Fields）、时装设计师安东尼·普赖斯（Antony Price）和罗克斯·穆西奇（Roxy Music）的安迪·麦凯（Andy Mackay）都穿它。在明星戴维·鲍伊和斯威特的布赖恩·康诺利（Brian Connolly of Sweet）所炫耀的卢勒克斯织物和唇彩的海洋中，做一名太保是保持男子气的同时又穿着得体的方法。原型的和翻版的瘦长套装及小山羊皮软底鞋在伦敦英皇道的"一起摇滚（Let It Rock）"都能找到，这是一家 1971 年开业的商店，由企业家马尔科姆·麦克拉伦（Malcolm McLaren）和他的合作伙伴、教师改行的时装设计师维维恩·韦斯特伍德运营。店内完全是 1950 年代媚俗艺术，富美家（Formica）塑料贴面陈列橱柜，自动唱机播放着比利·菲里（Billy Fury）的音乐。起先，"一起摇滚"迎合新老太保客户的要求，但前提很快变为"太匆匆（Too Fast）"直到"生活好年华（Live Too Young To Die）"，1973 年转为针对另一个非法团体"骑手"，1974 年为"性"，然后在 1976 年为"煽动分子"，这里成了朋克狂热追随者的聚集点。小

上图：

反叛之鞋

经典的小山羊皮软底鞋，受到从太保到朋克的亚文化群体的爱戴。

山羊皮软底鞋被束之高阁，因为它象征着反叛色彩的摇滚心态，麦克拉伦和韦斯特伍德挖掘这种心态，发展到他的门徒"性手枪乐队（Sex Pistols）"中。韦斯特伍德巧妙地运用体现历史上反叛意义的服装，如1950年代的黑皮夹克、烟管裤、尖头鞋和乔治·考克斯享尽恶名的小山羊皮绉胶底软底鞋。冲击合唱团（The Clash）的乔·斯特拉莫尔（Joe Strummer）、约翰尼·罗滕（Johnny Rotten）和标志性的锡德·维瑟斯（Sid Vicious）在1978年翻唱弗兰克·西纳特拉（Frank Sinatra）的"我的路（My Way）"的视频中都穿着这款鞋。该鞋的成功使得其他公司也跟进，包括圣迭戈的T.U.K.、谢利鞋业（Shelly's Shoes）——创立于1940年代的公司，1980年代为果酱乐队设计摩登复兴的鞋获得名声，还有"地下"，它的三联鞋底款式从1980年代依次有包括疯狂摇滚乐（Psychobilly）、哥特摇滚和情感核摇滚（Emo）的风格部落穿着它。

1980年代，小山羊皮软底鞋经过韦恩与杰拉尔丁·海明威（Wayne and Geraldine Hemingway）的重新诠释后，跨界进入时装展台，他们的品牌线"红色或死亡"发布于1982年。琼·保罗·戈尔捷和人体图这样的先锋派设计师当时展现了为配合打底裤和笨重鞋靴所穿的紧身绷带裙，这对夫妇意识到时装外形的变化，他们最初在伦敦卡姆登市场（Camden Market）的摊位上销售马丁靴。1986年，夫妇俩推出了自己的"大"鞋，厚实、超大的楔跟配着有极其肥厚鞋头的鞋，1987年，发布了"表鞋（Watch Shoe）"，小山羊皮软底鞋的另一种现代呈现。黑色皮质鞋面和带扣的襻带形成了表带的相当超现实形式，能看出时间的完整表盘。1987年拥有庞大青少年追随者的兄弟演唱组（Bros）成员卢克（Luke）和马特·戈斯（Matt Goss）穿着它之后，该鞋获得巨大成功。兄弟演唱组的歌迷们实实在在地绕着尼尔街（Neal Street）商店所在街区排起长队，对"红色或死亡"的大获全胜功不可没。

传统的绉胶底小山羊皮软底鞋也经历了全面复兴，作为刚柔并济装束的颠覆性表达而男女两性都穿它。很多女人第一时间接受了这个款式，包括新闻记者德博拉·莱维（Deborah Levy），她回忆说："第一次穿这鞋走上街，感觉自己像刚做了文身，把自己从有意义的人生中摘了出来。和尖头鞋很不一样，那双鞋是两英寸厚的黑色绉胶鞋底围绕着（V形）豹纹鞋舌。光着脚穿进去真的像是走在空中。它们是大都市的，是我脱离郊野的车票，是让女人变成任何东西的出口。"穿上这样一双强壮的摇滚鞋，女人们创造了强有力的后朋克与后女权主义时尚，不再用时尚牺牲者的代价换得一视同仁的装束。

　　1990年代和2000年代早期，小山羊皮软底鞋逆势进入亚文化，与情感核摇滚和视觉系音乐（Visual Kei）运动联系起来。2003年，滑冰鞋和软底鞋怪异的结合品种进入市场：瑞典前滑冰运动员阿里·布拉拉（Ali Boulala）设计的"俄赛里斯·阿里（Osiris Ali）"，双层缝合的皮质鞋面和带有三层缝合鞋头与衬垫后跟沿口的厚橡胶鞋底，是用来作为街头穿着，而不是溜滑板用的。2008年，鲁珀特·桑德森创作了小山羊皮软底鞋与高跟的华丽混合体。"丘比特（Jupiter）"型和"霹雳（Thunderbolt）"型以多样的荧光印花图案马驹皮、小山羊皮和皮革表现出来，由凯特·莫斯和亚历克萨·钟（Alexa Chung）穿着。其他设计师开始发现这款鞋，普拉达为2010年春夏季发布了漆皮布洛克鞋面与小山羊皮软底鞋的结合品，两款经典男鞋不同寻常的混合，一个保守另一个反主流文化。它高耸的三层台底采用清晰可辨的棕褐色、白色、橘黄色和灰色，形成未来派的后现代款型，甚至还包含着采用麻底帆布便鞋（参见第52页）的麻绳底。在众多修改款中这是首例，加装饰的软底鞋包括缪缪的漆皮系带款，阿索（Asos）有厚橡胶底的"麦凯（Mackie）"银和蓝的金属色高台底布洛克鞋，和Topshop的"金斯顿（Kingston）"有蓝绿色绉胶底的棕褐色布洛克鞋。英国设计师阿希什与"地下"合作，发布了一双犬牙花纹的软底鞋，黑色软底鞋搭配修正液，以供自己动手的客户（DIY）定制。这款鞋曾经最反主流文化的款型经历了另一段主流时期，恰恰是因为在多年的杀手高跟鞋之后，它的款型看起来很舒服。

下图：

涂鸦软底鞋（2011年）

　　出自阿希什的点缀皮革的软底鞋搭配一瓶修正液和涂鸦技巧指导手册。

匕首跟（STILETTO）

> 匕首跟，与高跟鞋相反，我更把它看作是一种态度。
>
> ——利塔·福特（Lita Ford）

匕首跟是有大无畏精神的女子气质的标志。它光洁、尖锐又性感，带有优雅的威吓意味，一如同名的西西里格斗刀那样纤细、锥形且危险。1948 年，这种鞋跟的出现有过准确的预告，当时英国行业杂志《鞋靴》（Footwear）宣称，"沉重、粗笨的鞋必然要出局。"鞋靴厂商意识到他们需要对战后富裕的新十年做出快速反应，制作的鞋要在经历战时萧条和无处不在的楔跟之后能够刺激需求。竞赛开始了：谁能创作出优雅的、现代主义的鞋，一款适应新时代以及女人们沉睡良久的时尚期望的鞋？

1940 年代晚期和 1950 年代早期的服装款式开始再次强调 1940 年代中因男性化宽肩膀体型而丢失的传统女性身材。克里斯汀·迪奥的新风采结合了强调胸围、腰围和臀围的裁剪技术，需要与之相配的鞋让身形相得益彰。鞋靴生产商讨论"鞋跟是否需要达到极致的新高或新低；怎样才是最迎合脚踝的线条，且最好地诠释正欣欣向荣的女人味的复苏？"罗杰·维维亚当时在场，对锥形跟的发展起到关键作用。以"鞋之珍宝"（Faberge of Footwear）而著称的维维亚为完全是高级女装的迪奥创作定制鞋；优雅地绝无仅有，是格雷丝·凯利这类明星的宠儿，伊朗女王每年定购 100 双。17 岁的时候，维维亚就已在制鞋厂工作，她说，"这样我可以获得基本经验，而这些经验的形成过程差不多和这世界一样悠久，之后我用自己的方式结合并表现出来。"连同他在巴黎美术学院（Ecole des Beaux Arts）对雕塑的学习，维维亚将审美与鞋跟设计中可以发挥经验的专业技能结合起来。采用基本的船鞋，在鞋面上裁出弧线，以便更好地与脚贴合，维维亚创作了按裁剪需要满足迪奥时装设计应用的鞋，

上图：

意大利制造

1959 年，电影明星吉娜·劳洛勃丽吉达（Gina Lollobrigida）以新风采形象和匕首跟把电影《甜蜜生活》（la dolce vita）具体化。

左页图：

平衡

尼古拉斯·柯克伍德露趾、蟒皮纹网状鞋面和匕首跟的"蟒皮纹网状小山羊皮"凉鞋。

上图：

反叛

　　古琦带有莱茵石镶嵌匕首跟的青铜色露趾、踝带鞋，为品牌90周年纪念而设计。

　　反映在广告中就是高要求鞋靴设计师"对恰到好处的完美把握和技艺水平。"鞋跟雕刻成各种越来越细的造型，但是维维亚很清楚从来不为舒适牺牲形式，他说："我把设计修改了500次，来检验一个理念是否正确，是否能尊重脚部的拱形。"1953年，在美国《时尚》杂志为维维亚的鞋做的广告中邀请观众注意设计以外的东西来理解最终产品的人体工程学，把鞋和工具一同展示。配文写道："要研究足跟！它展示了全新的法则——足跟向前移动，更好地传递体重。"维维亚的鞋跟越来越细，到1952年，他已经创作了经典的匕首跟鞋——尖头船鞋款型配4英寸高的锥形跟。同年七月，美国《时尚》杂志使用了"匕首跟"一词，设计师查尔斯·乔丹、赫伯特·德尔曼（Herbert Delman）、萨尔瓦托雷·菲拉格慕及安德烈·佩鲁贾试验了更细的跟。维维亚的鞋达到奢华顶点，类似闺房便鞋，很少人能买得起。当然，它们并不着意于耐穿——时尚历史学家玛丽·特拉斯科（Mary Trasko）记述了一位妇女"曾购得一双带华美绣花的维维亚鞋，很高的匕首跟船鞋。第二天珠饰有些松动，她把鞋拿了回去，抱怨鞋不舒服。经理查看了鞋底之后，回应说'可是，女士，您是自愿选的这双鞋。'"

　　想穿这种新式鞋跟走路的人发现它确实有些问题。1953年，《图画邮报》（Picture Post）提醒人们注意这种新式鞋跟的坏处，"它刚到伦敦，到底还是来了，从巴黎。"在"匕首跟的危害"中，一位英国模特在伦敦街头试穿，被拍到鞋跟塞进下水道盖里，扭伤了脚踝，以相当不雅的姿势摔倒。可是，她的鞋跟相对来说还算是粗的，这就是匕首跟发展过程中基本问题之一；怎样让鞋跟又高、又细，还能承受重量呢？维维亚早期的设计依靠木材，这是鞋跟构造的传统用料，鞋跟越细好像越是要踩到偶然的位置。法国设计师查尔斯·约旦（Charles Jordan，不要与乔丹相混淆）前瞻性地在鞋的鞋跟里使用了金属棒，英国穆罕默德·库尔达什（Meh-met Kurdash）在吉娜鞋中用霍利斯（Hollis）木质鞋跟，从鞋跟掌面到鞋体有铝制插口，早在1954年就有把整个鞋跟用皮革包裹起来的做法。

1956 年，有了突破性进展，一种新型鞋跟在意大利商贸会上展出，是在放置破裂的塑料鞋跟外壳内有金属连接塞。采用这项设计，鞋跟可以做到超细却又完全可靠，不易折断，到 1950 年代末期，5 英寸高的鞋跟已成为工业标准。注塑成型意味着在 1957 年已经可以大批量生产廉价且耐用的塑料鞋跟。意大利成为既定的方向性鞋靴设计中心，从 1950 年代中期始，流行的鞋靴都有了"意大利制造"的标签。甚至凭自己力量成功的吉娜也以意大利为参照，把匕首跟和意大利鞋靴质量联系在一起。吉娜以意大利电影明星吉娜·劳洛勃丽吉达的名字命名，公司在每只鞋内都放置了一个戳记，上面写着"意大利的启示"，尽管它们完全出自英国设计和制造。1955 年，维维亚呼应强化的钢质"地面钻头（talon aiguille）"或叫"匕首跟"，1958 ~ 1959 年间，菲拉格慕的鞋跟达到最为岌岌可危的高度。其他国家的制鞋商照着别人做，包括瑞士的巴利、罗素—布罗姆利（Russell & Bromley），还有英国的雷恩和德尔曼、金尼鞋业（Kinney Shoes），及纽约的尤利亚内里。

好莱坞影星喜欢意大利匕首跟，比如玛丽莲·梦露，她有 40 双菲拉格慕鞋，每双中有一只鞋跟切掉四分之一英寸，所以她走起路来摇摇摆摆。不论鞋子信步到哪里，新鞋跟穿透性的尖锐特点都会带来麻烦，毁坏地板和别人的脚，激起愤怒和道德恐慌。例如，英国煤炭局（British National Coal Board）在 1962 年宣布了"匕首跟深仇大恨的末日"，宣传它的新"阿尔穆提尔（Armourtile）"铺地材料，具有耐受"女人时髦的脚印留下的破坏痕迹。一吨的女人——匕首跟的平均冲击力是地面铺装行业面临的撕裂、分离、拉扯的灾难。如果以脚尖旋转，其效果堪比用于采矿或采石类的重型动力钻机。"穆罕默德·库尔达什非常有进取心，提出了解决方案。1962 年，他设计了在平头锥形跟鞋跟尖处安装有精密制作的钢轮的匕首跟，他说，"小基面鞋跟在舞厅、教堂和学校被禁用，因为会毁坏地板，这意味着它成为紧要的代替物。圆盘安装于临界角度，穿鞋的人把脚一放进鞋里就会产生刹车的动作。在进行走路时，圆盘略微转换，随着步行者向前移动，就能获得

下图：
切中要害
　加利亚诺象牙黄和黑色的角斗士鞋—靴，有极为夸张的针状鞋跟。

出自瓦尔特·斯泰格尔，在这只鞋武器一样的轮廓里暗藏杀机。

连续的新表面。"匕首跟底部鞋跟尖需要定期更换的实际情况带动了新业务——鞋跟修理店，医生告诫女性它有害于脚、背部和体位。

到 1950 年代后期，穿匕首跟的明星因败坏风俗而出名，因屏幕外耸人听闻的生活而出名，比如玛丽莲·梦露、阿瓦·加德纳和戴安娜·多尔斯（Diana Dors），明显违背良家女子的准则。对很多女性来说，这些闪耀的明星向她们展示了一个新特点，就是带着一丝危险的魅力，远离了自己的根源。通过消费匕首跟这样的商品，女人们从她们的老一辈中脱颖而出。到 1959 年，匕首跟达到高度的极限——6 英寸有塑料包覆鞋跟尖的锐利钢钎。

不实用的强势现代鞋跟成为年轻女性公开对抗的明显标志，她们白天也像晚上一样穿上这样性感的鞋挑战传统角色，对女孩们来说，这是一双走向狂野一面的鞋。在那十年末，匕首跟的含义初见端倪，这是直到今天仍甚嚣尘上的讨论。针状鞋跟征服了女人？还是穿鞋的人公然重新回顾了做家庭苦力的角色？匕首跟担负着从女孩到女人的仪式角色，由此显示了它所代表的进入了女性的魅力世界，尽管保守的女人是基于流行而消费。但同时，针状鞋跟并不舒服，对身体上形成限制，对脚也有坏处。

到 1960 年代中期，匕首跟已日薄西山，被适合无拘无束、男女皆宜的年轻女性形象的新平底鞋代替。匕首跟走向地下，到 1970 年代表现得比以往更结实、更尖锐，也更酣畅。特里·德哈维兰为时装设计师赞德拉·罗兹（Zandra Rhodes）重新给这款鞋跟注入活力，开始登上法国《时尚》杂志的页面，进入纽约 54 工作室（Studio 54）的迪斯科舞厅地板。朋克一族的女性把这款鞋跟变成挑战的符号，创造出强有力的女性气质，在 1990 年代作为"女孩威力（girl power）"而重新抬头，1980 年代早期的摩登复兴带来白色匕首跟鞋的复活，1987 年，英国制鞋商多尔奇斯售出 26 万双，它们的流行衍生出"花花公主"的原型，就是在当地俱乐部围着手提包跳舞的女孩。

2000 年代，匕首跟再次成为高调时尚的必备之物，同时也是社会地位、权势和性感度的象征。"匕首跟女权主义者"一词由已故小约翰·肯尼迪于 2000 年创办的美国生活方式杂志《乔治》创造，形容"信奉从容表达性感能提升而不是减损女性自由"的女人。匕首跟的复兴仿佛反射出女人对性自由和权力的感情，就像《欲望都市》中卡丽·布拉德肖这个人物形象所为人知的那样。1998年首映的电视剧展现了四位成功又独立的职业女性的努力工作和疯狂玩乐。在帕特里夏·菲尔德（Patricia Field）设计造型的一个情节中，卡丽太珍视她的粉红色小山羊皮匕首跟鞋了，以至于遭到抢劫时，她哭喊道："你可以拿走我的芬迪（Fendi）法棍包包，你可以拿走我的表，但是不要拿走我的马诺洛。这是半价买的样品！"马诺洛·布拉赫尼克、周仰杰、塞尔焦·罗西、吉娜、切萨雷·帕乔蒂和克里斯蒂安·卢布坦都在设计，匕首跟保持着活力，现在不再是杀手鞋跟，而是名人修养的象征。在瓦尔特·斯泰格尔手里，设计成豹纹、令人眩晕的高度（2009年秋冬季），它可以是纯然性感的，或是周仰杰的珠宝装饰的艳俗之物，亦或是尼古拉斯·柯克伍德严肃的先锋派。它甚至可以体现斯特拉·麦卡特尼有关动物权利的伦理观，她的素食主义者匕首跟将生态时尚从可敬推向色情。

下图：

色彩波普（2011年秋冬季）

1990年，古琦集团收购了塞尔焦·罗西。2006年，埃德蒙·卡斯蒂略（Edmund Castillo）执掌设计总监一职。

Springolator 潮拖
（SPRINGOLATOR MULE）

右页图：

德哈维兰潮拖

特里·德哈维兰采用 Springolator，以免女人"为了能让潮拖呆在脚上，不得不勾着脚趾。"

下图：

开心果（Pleaser）

7 英寸高跟的 Springolator 鞋出自开心果，"性感且非主流"的制鞋商。

1950 年代，潮拖走出闺房，成为"紧身毛绒衫女郎（Sweater Girl）"的统一服饰，她们的性感风格包括紧身铅笔裙和紧密贴身的毛绒衫，显露出漩涡缝合法圆锥形杯状胸罩充气般的丰满。能和这种形象协调的鞋就是潮拖，就像玛丽莲·梦露在电影《七年之痒》（The Seven Year Itch，1955 年）中的令人震惊的形象，玛米·范多伦（Mamie van Doren）在《高中的秘密》（High School Confidential，1958 年）中的一样，还有银屏内外拍照时，一直都穿着一双细高跟潮拖的杰恩·曼斯菲尔德（Jayne Mansfield）。细高跟用在无后帮的潮拖上，存在几个设计缺陷，由于鞋子急剧的倾斜度以及几乎完全去掉的鞋面意味着不太可能穿得住，尤其穿着丝袜的时候。潮拖碰在地板上也要弄出很吵的拍打声，还可能意想不到地飞出去。

几乎所有女人不仅了解自己的脚，更对双足有性意识。

——安德烈·佩鲁贾

解决方法就是马克斯韦尔·萨克斯（Maxwell Sachs）1954 年发明的 Springolator，即沿着脚的拇指球方向嵌入鞋面内的松紧带和皮革。贝丝·莱文是首位把这种设计用在潮拖上的鞋靴设计师，它使鞋底保持张力，从下向上推，保持脚部走路时紧密贴合潮拖的襻带。莱文的黑色丝绒 Springolator 潮拖被称为"磁铁"，因为它像有磁力般握持住双脚，《魅力》（Glamour）杂志这样描述，"接下来的事就是达到完全感觉不到鞋。"在一次鞋的大会上，莱文穿着 Springolator

鞋全速跑过大厅，向采购者展示她的鞋的确管用。在整个 1950 年代和 1960 年代，潮拖制造商受到激励去采用它。好莱坞的弗雷德里克发布了"Springolator 无后帮"斑马纹潮拖，透明合成树脂镶嵌莱茵石，海报女郎贝蒂·佩奇（Bettie Page）和电影明星西德·沙里塞（Cyd Charisse）都购买了它。到 1950 年代末期，Springolator 潮拖无疑是在售鞋靴中最性感的，在卧室、酒吧和妓院穿。低俗杂志作家阿尔·德维莱恩（Al Dewlen）在《掘骨人》（*The Bone Pickers*，1958 年）中描述典型的穿 Springolator 的人"厚颜无耻且淫荡"，因为走路时"每只 Springolator 鞋落在地上都会带来微弱的冲击，引起胸部的动作。"

在鞋里嵌入 Springolator 增加的费用意味着到 1960 年代后期它退出时尚界。随着女人可以光着腿脚穿无后帮的鞋，这项创新也不怎么需要了，因为鞋更容易穿得住了。特里·德哈维兰看见父亲的制鞋厂里用它，喜欢它让女人穿高跟无后帮鞋走路时"不必勾着脚趾"的方式，1980 年代，复兴了这种方式。他的 2003 年"闪光与扭曲"（Glitter and Twisted）系列以"甜梅莱拉（Sugar Plum Leyla）"为专题，采用银色、绿色和浅莲红色锦缎，后部垂饰流苏；2006 年的"扎普·波（Zap Pow）"，受波普艺术家罗伊·利希滕施泰因（Roy Lichtenstein）的启示；菲奥雷利（Fiorelli）则全部为 1950 年代 Springolator 潮拖的当代版本。在高端时尚领域，Springolator 鞋在迪奥 2001 年春夏季"拖车公园（Trailer Park）"系列的时装展台上摇曳生姿，同时展出的还有看得见拉链的紧身迷你裙，带着破洞的焦橙色与黑色渔网服，透出对好品位嘲讽般的蔑视，不过，尽管有这些具体的呈现，这款鞋从未保持过主流地位。

下图：

传奇的腿

　　据说拥有好莱坞最美大腿的西德·沙里塞穿着 Springolator 潮拖卖弄着双腿。

细中跟（KITTEN HEEL）

右页图：

凶猛的细中跟

Christian Louboutin 用两只邪恶的细高跟完善了细中跟鞋，掩饰着它可爱的声誉。

下图：

法国细中跟

朗万的灰色和艳粉色踝带细中跟鞋是绘画线条的练习。

细中跟或叫“细小匕首跟（petit stiletto）”，最初是十几岁的“新手”鞋跟，1950 年代为发育期穿匕首跟的人发明的，因为人们认为全尺寸匕首跟的性挑逗内涵不适合青少年。鞋跟必须小于 2 英寸才符合真正的细中跟，微妙的曲线略微把鞋跟从鞋的边缘向内收。奥黛丽·赫本在电影《情归巴黎》（*Sabrina*，1954 年）和《甜姐儿》（1957 年）中都穿着细中跟鞋，电影中她扮演天真少女与年龄大得多的男士产生浪漫的情感纠葛，鞋的选择成为强调年龄差距的造型道具。

穿上更好的鞋，我依然可以脚踏实地。

——奥普拉·温弗里

1957 年，塞巴斯蒂安·马萨罗（Sebastien Massaro）给夏奈尔为感觉高匕首跟稍有些过火的时装爱好者设计了简单的有黑色漆皮鞋包头的后空式米黄色小山羊皮船鞋。制鞋商采用马萨罗的款型，在 1960 年代早期添加了细中跟，它变成了青少年的经典，那十年间，在戴维·贝利（David Bailey）为英国《时尚》杂志拍摄的很多经典时尚照片中，琼·施林普顿（Jean Shrimpton）就穿着它。

在 1960 年代早期，细中跟添加了突出的尖鞋头，得到碧姬·芭杜的推广；到极简主义的 1990 年代，1997 年，人们发现凯特·莫斯在戛纳（Cannes）手臂挎着约翰尼·德普，脚上穿着有带子的细中跟鞋。如今，细中跟被认为是成年人的鞋，对于需要鞋跟钉掌又能不高出身材较矮的同伴的女性，这是讲求策略的款型，比如，它们是政要妻子的最爱。卡拉·布鲁尼·萨科齐同丈夫——法国前总统尼古拉

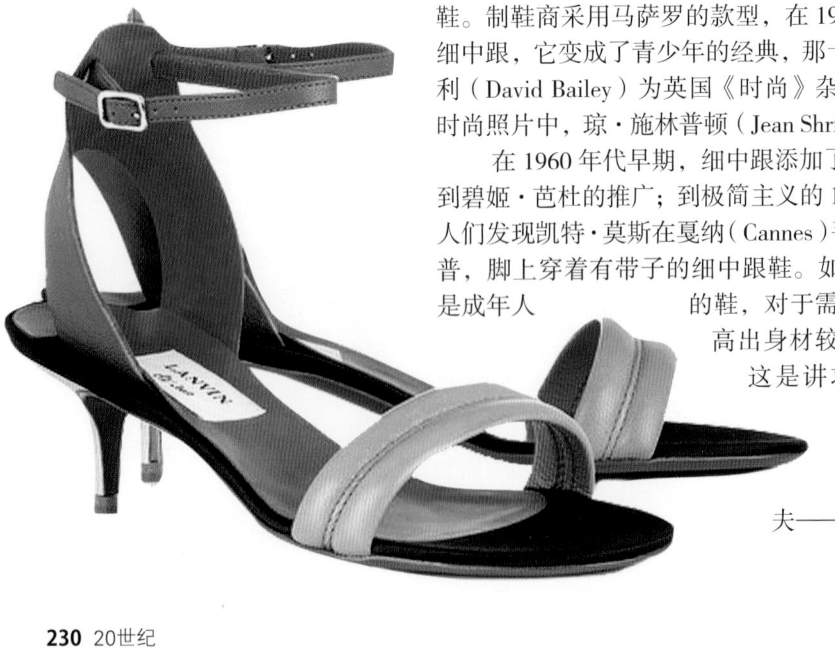

斯·萨科齐（Nicolas Sarkozy）一同出席公共活动时，就穿着迪奥的细中跟鞋；美国总统巴拉克·奥巴马（Barack Obama）的妻子米歇尔·奥巴马（Michelle Obama）为自己买了三种高度的周仰杰的鞋，所以，一天的日程下来，鞋开始挤脚，她可以换成细中跟。有权势的男人的妻子比他高，这在文化角度，还是不能接受的。正如心理学家丽塔·弗雷德曼（Rita Freedman）解释的："大小和力量影响社会性权力。立足点高能够赋予固有的权力优势。高大的女性和矮小的男性属于社会性的错配。"所以，查尔斯王子（Prince Charles）和戴安娜·斯宾塞女士（Lady Diana Spencer）1981 年拍订婚照时，尽管身高相同，查尔斯王子要站在高一个台阶上，形成男性优势的错觉，而戴安娜·斯宾塞女士穿的是细中跟。

被称为"细中跟女王"的设计师 L.K. 贝内特结束了在伦敦科威勒斯学院的学习并为罗伯特·克莱热里（Robert Clergerie）工作后，1990 年，她的第一间店铺开始营业。她认为这是一种实用的鞋靴形式，因为它们"迷人却有着舒适的高度"。2011 年，结束了十年的摩天高跟之后，时尚记者宣布细中跟的回归（尽管它从未离开过）。卢布坦发布了"牛顿（Newton）"红色或米黄色小山羊皮细中跟鞋；华伦天奴（Valentino）的是带嵌饰的豹纹鞋；朗万的是嫩粉红色有踝带的设计，还有斯图尔特·维弗斯（Stuart Vevers）为洛伊（Loewe）设计了水晶装饰款。

2012 年，政治家、也是著名的细中跟爱好者，英国内政大臣文翠珊（Theresa May）在伦敦唐宁街 10 号外，鞋跟陷入铺路石片间的缝隙，被狗仔队尽收眼底，成为新闻头条。她脱了鞋，不费力地拔出鞋，勇敢地小跑而去。

下图：
穿细中跟的奥黛丽·赫本
赫本在电影《蒂凡尼的早餐》（*Breakfast at Tiffany*，1961 年）中饰演霍利·戈莱特利（Holly Golightly）的扮相已经成为现代时尚的样板。

...but my how it's grown

健康鞋
（EXERCISE SANDAL）

我在与约束女孩何时、何地以及如何从穿得体的鞋向给人看的鞋转变的规范作斗争。

——波莉·弗农于 2010 年 5 月 16 日《卫报》

脚是身体的缓冲器，因为它们是最先接触地面的位置，健康鞋是用来缓冲最初的压力的。按照支持者的说法，这是与脚友善的鞋，能够增进健康和幸福，相反，高跟鞋损害背部和脚部，拉紧并缩短腿部韧带。肖勒（Scholl）博士的便鞋是最先出现的类型，发布于 1958 年，波状杉木低和有扣襻带形式的皮质鞋面。爽健（Scholl）最初由威廉·马赛厄斯·肖勒（William Mathias Scholl）在芝加哥为鞋靴零售商鲁珀特（Ruppert's）工作之后，于 1906 年创建于伊利诺伊州芝加哥市。肖勒发现，很多顾客双脚都有问题，意识到足部护理能赚到钱。肖勒白天卖鞋，晚上在伊利诺伊医学院读足科的夜校，作为一名完全成熟的足病医生毕业于 1904 年。肖勒的第一项专利发明是足部放松器（Foot-Eazer），是一种足弓支撑装置，1904 年，诸多足部相关发明中的第一项通过爽健公司销售出去，包括缓冲内底、消除鸡眼的衬垫和当代脚凝胶。爽健的第一家零售商店 1913 年在伦敦开业。

木质爽健健康鞋由肖勒的儿子威廉开发，第二次世界大战之后，他在德国见到当地有民间特点的木质鞋。他为美国市场修改了设计，在便鞋的天然木质上增加了明艳色彩的皮质有扣襻带，但是，最重要的是提高的脚趾波峰和波状的鞋底有助于走路时脚抓紧和收缩。1959 年，作为具有能够增强腿部肌肉这一独特卖点的"原型健康鞋"推向市场。幸运的是，随着裙子越来越短，身体上这块特定的部位赋予了越来越多的焦点。时装设计

上图：
好极了

最初开发于 1957 年的地球鞋（The Earth Shoe）同与环境有关的抗议联系在一起了。

左页图：
豪华的嬉皮

肖勒博士的健康鞋获得了服务嬉皮风的资格，正如 1970 年代杂志广告所示。

师约翰·贝特（John Bate）迷你裙的发明使得女人们都抢购爽健鞋，希望它能给自己一双完美的腿。该拖鞋获得巨大成功，尤其是人们看见它穿在这十年中的时尚偶像——模特琼·施林普顿和徐姿的脚上之后。到1970年代，这款矫正鞋已进入时尚界，很多女人出于时尚的角度穿它而非功能。

健康鞋的另两个经典是地球鞋和MBT。前者由安妮·卡尔索（Anne Kalso）发明，她是法罗群岛（Faroe Islands）人，终生操习瑜伽术。1957年，结束了在巴西桑托斯（Santos）的学习之后，卡尔索对巴西本土人完美的姿势着迷起来，开始观察他们赤足在海滩上留下的脚印。她认识到，走在潮湿的沙地上时，脚跟自然而然地比脚趾挖下去的深，反映在一个很著名的瑜伽动作里，叫山立功或"山"的姿势。一回到丹麦，卡尔索就开始研发卡尔索鞋，这个过程花了十年，期间，她通过极限的百英里徒步对原型鞋做彻底的测试。卡尔索鞋很容易穿，通过让脚跟低于抬起的脚趾，它借助跖骨移动身体的重量，不再是从拇趾球传递到脚跟，它重新修正了走路的方式。穿着者必须脚跟先着地，用在沙子上走路的方式，据发明者说，这种移动的方法重新按照正确的自然姿势调整身体。首款卡尔索鞋于1957年在哥本哈根售出，它有助于呼吸、体位及治疗背痛和脚疼的说法从狂热的穿着者中传播出去。

1970年4月，应铭记为卡尔索鞋在美国第一家分销站热切盼望的开业的日子，雷蒙德与埃莉诺·雅各布斯（Eleanor Jacobs）领有执照后开始销售。夫妇俩要为鞋在美国本土做宣传时，来了灵感。他们纽约零售店的开张与世界上第一个地球日是同一时间，这是由参议员盖洛德·纳尔逊（Gaylord Nelson）倡导把环境融入政治焦点问题的纪念日。地球日前整整五个月，1969年11月30日，《纽约时报》报道了呈上升趋势的草根活动："对环境危机不断增长的担忧席卷国内的大学校园，其强度可能正超过学生对于越战的不满程度……关于环境问题的国家纪念日……正在为明年春天做计划……当全国范围的环境'宣讲会'……计划在参议员盖洛德·纳尔逊办公室协调下进行。"

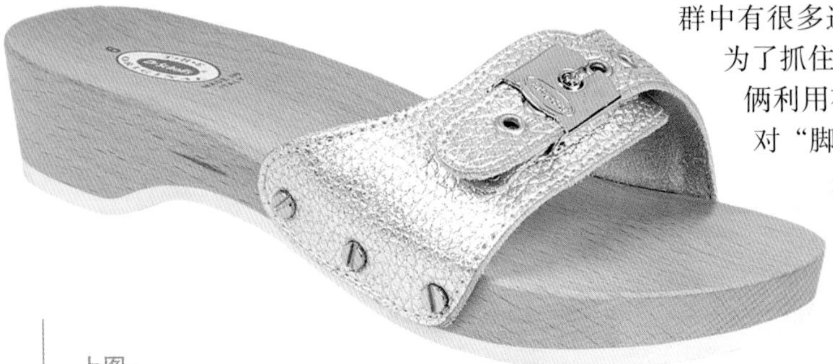

上图：

金属色襻带

有可调皮质襻带的经典肖勒博士健康鞋，以带来舒适合脚的小山羊皮衬里软垫为特色。

据说有 2000 万民众参与进来，环境抗议者人群中有很多逡巡在雅各布的鞋店周围。为了抓住这样心甘情愿的受众，夫妇俩利用有益健康回归自然的嬉皮士对"脚跟休息技术"的鞋的认可。这个叫法很快改为地球鞋，就是数百万美元成功的开始。该鞋从最初的鞋款到凉鞋、木底鞋和羊毛衬里的踝靴，可以买到各种款式，在 1974 年达到销售高潮。1977 年，公司申请破产，泡沫破裂了，地球鞋消失了，它带凸边的矮胖式样遭到谩骂，所有人对 1970 年代鞋的设计感到不舒服，称之为"康瓦尔郡菜肉烘饼"，因为它和英国传统肉饼的样子很像。不过，承载着社会良知的鞋在 2000 年代又重回人们视野中，因为它反时尚的姿态在反对资本主义的抗议时期显得很清新，关心世界福祉的人也在增多。1990 年代后期，这对过气夫妇的热心支持者有了增加之后，2001 年，地球公司（Earth Inc.）重新发布的地球鞋还是取得了一些成功。

马塞赤足技术公司（Masai Barefoot Technology）首字母缩写为 MBT，受多年长期背痛和腿痛之苦的瑞士工程师卡尔·穆勒（Karl Muller）于 1990 年对其做了改革。他的灵感来自于敏捷的非洲马塞族人赤足在恶劣地形条件长距离行走的行为，他们似乎并没有发达国家人们背部和足部的问题。穆勒认为开发一种鞋，它的鞋底能够促使更自然的动作，这个解决方案是能彻底改变走路方式的，尤其是由前至后的波动动作。他把地球鞋的消极鞋跟技术向前推进一步，采用厚实的弧面鞋底迫使脚自然地移动，缓冲了关节。穿着 MBT 鞋走路时，不再感觉地面是平坦而坚固的，所以身体要做出校正。穆勒解释说，"MBT 鞋的关键性功能是弧面鞋底的构造。它的综合性平衡区域需要主动的、受约束的起伏移动，有助于身体站立和行走时改善平衡和姿势。"该鞋能够燃烧卡路里的特点是另一个在讲究身材的 2000 年代有效的营销策略，穿 MBT 鞋走路有助于加强臀部和大腿的锻炼，同时燃烧掉更多的卡路里。

2000 年代，健康鞋以行动塑身鞋（FitFlop）的形式实现了惊人的复兴。美容师兼企业家马西娅·基尔戈（Marcia Kilgore）在 2007 年作为健康鞋开发了行动塑身鞋，由于在中底置入获得专利的"微摇板（Microwobble-board）"，起到减震器的作用，行走时能锻炼腿部。行动塑身鞋厚实的弧面鞋底将脚浮在底板上，走路时能更多地锻炼腿部和臀部，促进脚部血液流通。其营销推广为"带内置健身房的鞋"，行动塑身鞋切入当今对身材的关注，品牌的成功也得益于努力将功能与魅力相结合的设计。行动塑身鞋以小金属亮片装饰的襻带有了时尚的焦点；其他设计包括角斗士行动塑身鞋、金属色雪地靴、及膝因努克靴（Inuk）和经典健康鞋的限量自由图案版。它成为让基尔戈无动于衷的极端高跟鞋的替代款式："不会危害身体的聪明鞋绝对是最流行的。身体乏力、背痛……漂亮又有什么用？我爱大家，但是我不会让他们感到不舒服。"

不过，购买者还是应该清楚，健康鞋的健身效果是很微弱的。2011 年，美国联邦商务委员会（Federal Trade Commission）强制锐步向购买伊斯通（Easytone）训练鞋的顾客归还 2500 万美元，那款鞋显然让穿着者习惯了穿上它就不必做任何锻炼。联邦商务委消费者保护部部长戴维·弗拉戴克（David Vladeck）说，"联邦商务委要求全国性广告业主清楚自己必须负起责任，确保他们声称的康体装备都有可靠的科学支撑。"

下图：

健康女郎

行动塑身凉鞋受到生物力学上的指导，有助于走路时增强并绷紧腿部肌肉。

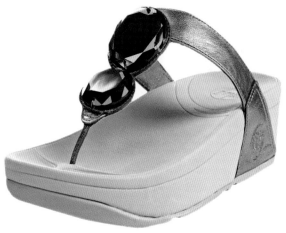

香客船鞋
（PILGRIM PUMP）

脚下的梦想就是实现梦想的开始。

——罗杰·维维亚

　　1960 年代早期，鞋和时装出现向全新款式的变化。正如文化史学家伊丽莎白·威尔逊（Elizabeth Wilson）在《非正统派女主角回忆录》（*Memoirs of an Anti-Heroine*，1986 年）中写的：“1950 年代已如此罪恶，如此陈旧。在我 21 岁生日照片中，我那深色的嘴唇、涂抹了凡士林的眼睑、紧密卷曲的头发和珍珠项链让我老得很伤心；等到我 30 岁时，我穿得像个凯特·格林纳韦（Kate Greenaway）小孩，白色长筒袜、平底鞋，还有高束腰连衣裙，梳着短发，看着就像 12 岁。”

　　随着裙底边的升高，裙子越来越短，就像玛丽·匡特的设计在伦敦集市英皇道精品店中展示的，从 1955 年开始，按照她的线索，年轻的双性性格的冷酷外表替代了 1950 年代女性化的曲线，顶级模特徐姿青春期前的身材也许是最好的例证。少女特点充斥主流时尚，都是学生装和出自阿内洛—达维德（Anello & Davide）搭扣带的玛丽珍鞋。1961 年 3 月 3 日，《时代》杂志武断地提出“尖头鞋正在出局？”文章说，“上周在曼哈顿鞋沙龙，风格设定师和趋势预测师声称尖鞋头形式正在变成老款鞋。给女士们祝福的安慰，五年来她们痛苦地把脚塞进窄小的匕首跟尖头鞋中，现在是完全不同的‘扁錾形鞋头’形象——长条平整的方头鞋。”

　　扁錾形鞋头经常在时尚中出现，站在极端对立的位置上。看起来尖鞋头差不多达到了其夸张尺度的绝对极限，时尚的逻辑只能接受彻底不一样的鞋。鞋头变成钝的方形或优雅的扁錾形，在战后爱打扮的人的脚上能看到的那样——穿着切尔西靴（参见第 140 页）造型的摩登派。当然，拉长的方形鞋头以前在鞋靴中也有过，最

上图：

左岸（Rive gauche）鞋

　　杰奎琳·肯尼迪在 1960 年代穿着左岸原创的闪亮柯芬（Corfam）人造革“香客船鞋”，显得挺时髦。

左页图：

时髦的平底鞋

　　伊夫·圣·洛朗委托罗杰·维维亚创作了简洁的平底鞋，来搭配他 1960 年代绘画般的服装，如这件蒙德里安连衣裙。

有名的是在 17 世纪下半叶，称为"方鞋头"或"方形"，上至 18 世纪这种鞋已变得非常不流行了。

很快到 1960 年代早期，紧接着罗杰·维维亚的是爱德华·雷恩（Edward Rayne）和卡佩泽奥都在作品集中展示了改良的钝鞋头，获得了如女王伊丽莎白二世（Queen Elizabeth II）、马琳·黛德丽和杰奎琳·肯尼迪等享有声望的狂热者。1963 年，维维亚自己的时装店在 24 街弗朗索瓦 1 号开业，出售他最新的实验性鞋款，包括 1960 年代复制最多的设计——"香客船鞋"。

他是非常折中的法国人，非常法国，非常外省。

——卡尔·拉格费尔德 1984 年谈及伊夫·圣·洛朗

鞋靴设计的代表性实例产生于巴黎女装设计师伊夫·圣·洛朗的思维倾向，他对荷兰风格派艺术家皮耶·蒙德里安（Piet Mondrian）的作品非常着迷。蒙德里安是抽象概念的先锋人物，他的横竖线条连锁网格结构的原色绘画已经预示了 1960 年代单色极简主义的欧普运动（Op movement）会受到欢迎。1965 年 8 月 2 日，伊夫·圣·洛朗展示了一系列羊绒衫宽松直筒连衣裙，都是利用从伟大的荷兰画家那里提取的审美特质，把服装变成实际的画布。在发布之前，圣·洛朗邀请维维亚设计鞋，配上绘画般的套装，他提出了有锥形方鞋头、低堆垛跟的平底船鞋，主体部分叫做柯芬（Corfam）的人造革新型材料。刻意选择这样光滑闪亮质感，而不是更贵的皮革，维维亚稳稳地把这款鞋设定在新的十年里，人造材料作为奢侈的太空时代而不是廉价的低劣货推向市场。

该鞋的焦点是大个的银色鞋扣，盖住脚的正面，17 世纪清教朝圣者带过的鞋扣的现代诠释。船鞋简洁优雅的线条和超现代的款型完美地融入伊夫·圣·洛朗作品集的氛围，这款鞋穿着也非常舒服，穿在切尔西女郎（Chelsea girl）或是伯爵夫人脚上，看着同样舒适自在。仅用一年时间，据说维维亚售出 20 万双，他的

下图：
高起来的香客鞋
维维亚"香客船鞋"的现代化身，有水台和高匕首跟。

顾客包括伊丽莎白·泰勒和温莎公爵夫人，随着凯瑟琳·德纳夫（Catherine Deneuve）在西班牙超现实主义者路易斯·布努埃尔（Luis Bunuel）执导的电影《白日美人》（*Belle de Jour*，1967 年）中优雅倦怠的展现，将法国时尚中若无其事的这一幕又向前推进了一步。德纳夫的伊夫·圣·洛朗套装和维维亚的"香客船鞋"渗透出的冰火世故在她饰演的塞维里奈·塞里兹（Severine Serizy），一个无聊的中产阶级家庭主妇变身娼妓的性自我发现的情色之旅的过程中，更加引人注目。"香客船鞋"成为那十年中仿制最多的鞋。随着裙子变短，腿有更多的部分露出来，低跟的香客船鞋也有助于在 1960 年代的形象从诱惑转变为某种更青春和动感的东西。

　　该鞋也适合女人日渐普及的裤子，这也能说明 1980 年代它卷土重来的原因，女人们需要有合适的形象来应对日益向她们敞开的执行者舞台。在 1960 年代，很多船鞋采用闪亮的漆皮制作，英国国旗的红色、白色和蓝色，现在是多姿多彩的伦敦的象征，是特别流行的色彩组合，布鲁诺·马利在这十年间创作了没有红色的"光滑感"塑料鞋，而库雷热迈出更远一步，在 1969 年，用大铃铛代替了金属鞋扣。正品的维维亚船鞋价格昂贵，青少年去更便宜的扁錾形鞋头平底鞋制作商那里找船鞋，比如美国弗吉尼亚州的克拉多克—特里（Craddock-Terry）。

　　现在，香客船鞋随着穿着它的第一代人一起老去，被看作是最古板的鞋，女人要是想穿平底鞋了，她会找出芭蕾船鞋或是懒汉鞋而不是黑色漆皮的香客鞋。具有相同中产阶级装束情调的夏奈尔套装已经成功地为年轻的时尚人士重新发布产品，维维亚如此优雅的鞋为什么就不能呢？

上图：

香客鞋跟

　　维维亚的红色皮革古巴跟"香客船鞋"，源自 1960 年代原型的时髦城市经典。

长筒女靴（KINKY BOOT）

> 有两千万女性穿长筒靴，长筒靴……制鞋商正在收获果实……
>
> ——约翰·斯蒂德（John Steed）于 1964 年电影《长靴》

1962 年 1 月，英国时装摄影师戴维·贝利接到第一桩海外项目，受时尚编辑克莱尔·伦德尔沙姆（Clare Rendlesham）女士委托为英国《时尚》杂志拍摄题为"纽约：年轻的理念向西去"的特写。和他一路的是 19 岁的模特、创作女神，也是女友琼·施林普顿，她唯一的行李是个塑料包。但是让人大跌眼镜的不是这些，而是施林普顿的装束，明白无误地撩拨人心，或者用当时的话说，彻头彻尾的变态。她从头到脚穿着黑皮：黑皮外套、黑皮直筒连身裙和定制的前面系带的黑靴，其款式和传统意义的地下恋物癖施虐受虐狂能联系起来（据说，在伦德尔沙姆不准他穿标志性的黑皮夹克后，贝利专门指定她来把伦德尔沙姆推上风口浪尖）。

施林普顿并非最先把恋物癖装束穿成时装的；两年前，伊夫·圣·洛朗为克里斯汀·迪奥发布了秋冬季"打击"作品集，同时还有一台向巴黎左岸表示敬意的 T 台秀。他向人们展示了黑色高翻领开司米毛线衣、炫耀地采用貂皮衬里的、有光泽黑色鳄鱼皮夹克，以及针织袖的黑色皮夹克。伊夫·圣·洛朗性感的全黑系列在当时掀起一阵狂乱，孤立了迪奥时装的客户，但是这反映了时装界正在发生的变化，作为恋物癖元素的黑色皮革正慢慢进入主流。针对演员霍诺尔·布莱克曼（Honor Blackman）的宣传活动，进一步推动了长筒女靴的流行，她在热门电视剧《复仇者联盟》（The Avengers，1961～1969 年）中饰演卡西·盖尔（Cathy Gale），穿皮质套装和靴子的人类学家兼柔道专家。她的行头由弗里德里克·斯塔克（Frederick Starke）设计，包括长及臀部的黑色长袖皮质上衣，搭配过膝马裤和黑皮靴，里衬为灵猫皮的黑皮外套，一件仿皮曳地晚礼服和令萨德侯

上图：
1963 年伦敦
穿伊夫·圣·洛朗皮夹克、头盔和过膝鳄鱼皮靴的模特伊妮德·博尔廷（Enid Boulting）。

左页图：
长靴 T 台秀（2009 年秋冬季）
路易·威登的长筒靴直接来自电影《O 娘故事》（The Story of O），高水台、系带和靴筒打褶。

爵（Marquis de Sade）垂涎三尺的斗篷。她黑色皮革全套装束中的亚文化的性代码当然不会让记者们无动于衷，他们称她为"皮革恋物狂海报美人"，评论说"她管得了她自己，还有观众的施虐受虐性幻想。"布莱克曼有低堆垛跟的及膝长靴是出自弗里德里克·斯塔克的设计，以沙漠靴闻名的克拉克家族企业制作。

> **我不是虐待狂……但舒适也没在我创意过程之列。**
>
> ——克里斯蒂安·卢布坦

　　像斯塔克这样的长筒女靴通常只出现在"专业"杂志的页面上，例如伦纳德·比尔特曼（Leonard Burtman）出版的《异域》（*Exotique*）杂志（1955～1959年），恋物摄影师约翰·威利经营的《怪异》（*Bizarre*，1946～1956年），还有示巴出版公司（Sheba Publishing Company）出品的《奇异》（*Fantastique*），这是位顽固的鞋靴狂热者提供恋物癖鞋的异域装扮的杂志，内容包括有踝带的极限高度高台底船鞋和前端有形成反差的白色系带的及膝黑皮靴。在接受了比《花花公子》（*Playboy*）更老道的放纵的十年对抗清教的过程中，长筒女靴公然在英国电视上炫耀自己的作品。1963年，在一期《电视时代》（*TV Times*）中，记者约翰·高夫（John Gough）写道："霍诺尔·布莱克曼甚至在娱乐业团体中都设法引起轰动。我注意到就是最近的事。她直接从演播室走出来了，穿着《复仇者联盟》中卡西·盖尔太太的服装，黑色毛线衣外是黑皮马甲，紧身黑皮裤，和高统黑皮靴。知道新闻大标题都是冲着她来的，可她既没有因此感到不安，也没有鼓励他们这样做，她说，'有人说皮革会让男人感到恼火。我喜欢穿是因为穿上去感觉非常好。屏幕以外？不，当然不会穿这样的衣服去购物。别的不说，要不是寒冷天气，我就觉得靴子太热。在家里，我通常穿毛线衣、汗衫和宽松的长裤。'有人问她丈夫对她皮革行头的看法。'他觉得很有趣，'她说，'他很平和。'"时尚准备着同恋物癖戏要一番，过膝长筒靴、黑皮外套，连紧身连衣裤都开始出现在电视屏幕上，甚至是家庭观看电视的时间。黑皮靴被命名为"扭结的"，字面解释为"不直"或者有一点不规矩，而不是完全性变态，靴子形象不规矩的原型也为人接受了。所以，无动于衷就是1964年英国公众对长筒靴的反应，布莱克曼和扮演戴圆顶礼帽的老伊顿人约翰·斯蒂德（Old Etonian John Steed）的联袂主演帕特里克·麦克尼（Patrick MacNee）凭借歌曲"长筒靴"冲击前五名的位置。

1960年代的长筒靴为套穿、小牛皮、及膝长、尖头，并采用堆垛跟，出自定型设计师，如罗杰·维维亚，用黑色小山羊皮来塑造，中间有黑色漆皮饰带，白色小山羊皮衬里，或是鞋类连锁，如多尔奇斯与弗雷曼、哈迪与威利斯（Willis）。随着靴子设计不那么有明显恋物特点，标签消失了，尤其是加进了黑色之外的颜色，有性情结的靴子重回地下，被生机勃勃的戈戈靴（参见第246页）压倒。这个词现在仅指大腿长的女性施虐者靴子。红与黑的漆皮是最流行的色彩，成为被禁止的淫乱放荡的暗示，鞋跟达到极限高度，使腿部变长，形成女性强有力的形象。奇幻高跟鞋（Fantasy Heels）这样的公司销售有5英寸匕首跟的露跟系带高至大腿的靴子，"Heat 3010"高至大腿的靴子有电镀鞋跟和镀铬鞋包头，侧边拉链、尖鞋跟。2005年，电影《长靴》（Kinky Boots）首映，这是以北安普敦一家境况不佳的制靴厂——普赖斯和儿子们鞋业公司（Price & Sons Shoes）的真实故事为蓝本的，为了公司能继续维持下去，该厂被迫为异性装扮模仿欲者生产恋物癖靴。

左页图：

极端长筒靴

克里斯蒂安·卢布坦把黑皮高至大腿的施虐狂长靴转换为鞋靴时尚。

右图：

老款长靴

1920年代法国制靴人玛尼亚迪斯（Maniatis）的系扣恋物合成式鞋是1960年代长筒靴的先驱。

戈戈靴（GO-GO BOOT）

1947 年，在巴黎一家名为来吧来吧威士忌（Whisky a Go-Go）的俱乐部，迪斯科舞厅诞生了。"夜皇后"雷吉娜·吉尔戴博格（Regine Zyldeberg）围绕着多彩灯光铺就了舞池，撤掉自动唱机，安装上两部唱机转盘，她用来交替着播放唱片，使音乐不再有间歇。1954 年，美国这样的舞台在伊利诺伊州芝加哥开业，而它的理念让人真正接受是在 1960 年代，1964 年第二家来吧来吧威士忌俱乐部在西好莱坞日落大道开业的时候。俱乐部展示了一名女性 DJ，朗达·莱恩（Rhonda Lane），从悬吊下来的笼子里旋转唱片，在里面随乐而舞，这样，"摇摆舞"诞生了。俱乐部招聘了更多女舞者，给她们穿上统一服装，包括流苏饰迷你裙和白色过膝靴，一种美国款的平底扁錾形鞋头皮靴。1960 年代，缩短裙边的长度以突出大腿，巴黎"耶耶"（ye-ye）风格设计师安德烈·库雷热把它引入美国。

> **靴子是更有女人味的穿衣方案，更理性、更有逻辑性。**
>
> ——安德烈·库雷热

在 1964 年"月亮女孩"作品集里，库雷热便已面向未来，创作了现代宇航员的服装。模特身着银色迷你裙、小亮片装饰的裤子，装饰着填充透明乙烯塑料的舷窗镂孔，在舞台上高视阔步。搭配这样太空时代形象的鞋靴包括完美的套穿平跟光滑小山羊皮靴，前端带一朵时髦的假蝴蝶结。库雷热解释说："整天穿着 3 英寸的高跟鞋走路不合逻辑。鞋跟和古代东方人的缠足一样荒唐。"

美国的戈戈靴有尖形或扁錾形鞋头，平底或很低的鞋跟，后部或侧边有拉链。靴子的平整度说明它是时髦的鞋，明显不是户外山谷间行走的结实靴子，只不过是用来跳充满活力的舞蹈的。

1966 年，威士忌酒吧的一幕在史摩基·鲁滨逊（Smokey Robinson）和米拉克莱斯（Miracles）的歌曲"来吧摇摆"中变成永恒，从那时起，所有高至小腿的白色皮质平跟靴都叫做戈戈靴。1970 年代早期，经过十年的发展，它们慢慢高过小腿，变成有弹性筒口的过膝靴。全世界的戈洛靴业（Golo Boots）、大学女生（College Girl）和巴塔尼（Battani）这样的公司都生产廉价的白色乙烯基塑料款，经美国公司希·布劳（Hi Brow）销售，作为"《喧闹》女孩穿的靴子"而推销，这是一部致力于流行音乐的电视剧，1965 ～ 1966 年美国国家广播公司播放。

身着迷你裙年轻貌美的摩登女郎穿着白色戈戈靴的生动形象拥入时尚图景，在 1960 年代晚期登上广告，成为旧式"魅惑"之现代表达的速写。到 1970 年代早期，假戈戈靴在高街出售，包括假的白色"闪光发亮"过膝长袜，可以搭配白鞋形成靴子，毋庸置疑，这只是很短命的时兴。如今，拉拉队员等女演艺人员仍穿戈戈靴，1960 年代或 1970 年代早期，它是穿衣打扮中不衰的宠儿。

右图：
来吧摇摆
白色闪光发亮的戈戈靴，有人造软毛沿口、扁鳌形鞋头和堆垛跟。

月球靴（MOON BOOT）

1960 年代真正兴起了太空时代的款式。安德烈·库雷热、帕科·拉班尼（Paco Rabanne）和皮尔·卡丹在伦敦卡尔纳比街（Carnaby Street）投放了长手套，这条街和英皇大道（King's Road）作为各种"多姿多彩"事物的主心骨，一直占据时尚新闻头条。时装店需要自我重塑，它太古板而过时。解决方案就是典型法国式对未来的憧憬：女宇航员戴着银色假发、白色宽松服饰还有巨大的铝制领饰。

> 毛皮中蕴藏巨大能量———一切都在于毛皮。
>
> ——泰尼卡的汤姆·贝里（Tom Berry）
> 关于 2012 年月球靴趋势

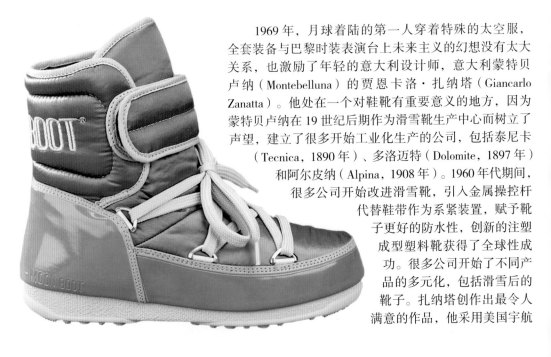

1969 年，月球着陆的第一人穿着特殊的太空服，全套装备与巴黎时装表演台上未来主义的幻想没有太大关系，也激励了年轻的意大利设计师，意大利蒙特贝卢纳（Montebelluna）的贾恩卡洛·扎纳塔（Giancarlo Zanatta）。他处在一个对鞋靴有重要意义的地方，因为蒙特贝卢纳在 19 世纪后期作为滑雪靴生产中心而树立了声望，建立了很多开始工业化生产的公司，包括泰尼卡（Tecnica，1890 年）、多洛迈特（Dolomite，1897 年）和阿尔皮纳（Alpina，1908 年）。1960 年代期间，很多公司开始改进滑雪靴，引入金属操控杆代替鞋带作为系紧装置，赋予靴子更好的防水性，创新的注塑成型塑料靴获得了全球性成功。很多公司开始了不同产品的多元化，包括滑雪后的靴子。扎纳塔创作出最令人满意的作品，他采用美国宇航

员的靴子外观，以明亮色彩的尼龙和聚氨酯泡沫加上橡胶外底和多孔橡胶中底，制作了雪地中又一种时髦的选择。左右脚没有区别，在靠近筒口的地方用束带收紧靴子。1970年，泰尼卡集团生产，月球靴诞生了，1978年前加了商标。

柔软的马股子革长及小腿的靴子从轮廓上看有点像威灵顿长靴（参见第124页）、因纽特靴（Inuit）或毡靴（参见第116页），它本身有很多模仿品，但这并不妨碍泰尼卡销售掉2200万双。2000年，巴黎卢浮宫在20世纪重要象征的100件设计展中收录了月球靴。月球靴的保暖性和流行性使其成为滑雪后靴子的最爱，1985年，一位时尚记者写道："可别小看滑雪后靴子的重要性。毕竟，山林小屋是发生高密度社交活动的场所，谁都不愿意让人看见穿着拖鞋。带维克牢（Velcro）尼龙搭扣的费拉（Fera）月球靴恰到好处。带羊毛衬里和有花纹的橡胶鞋底靴男女都很喜欢。"这时的月球靴也有衍生品——山羊毛或兔皮制作的雪人靴。1970年代，它敲击着迪斯科舞厅的地板，之后，意想不到地出现在1990年代电视剧《海岸救生队》着泳装的帕梅拉·安德森的脚上。2010年，夏奈尔发布了一双奢华的人造毛皮靴，透明的塑胶鞋跟模仿冰柱的形象。

左页图：

"空降靴"（2011年秋冬季）
月球靴式的尼龙踝靴，圆形鞋头、橡胶鞋底，用三条穿环鞋带和维克牢襻带系紧。

右图：

最新款雪人靴
2010年，夏奈尔发布了奢华的人造毛皮雪人靴，透明的鞋跟模仿冰柱的形象。

锥跟鞋（CONE HEEL）

右页图：

闪电

曾做过模特的莫德·弗里宗发明了锥形跟，之所以有这个名字是因为它和冰激凌甜筒很像。

下图：

线型锥跟

在这款单色踝带凉鞋中，奥斯卡·德拉伦塔（Oscar de la Renta）把锥形跟减少到简单的直线型轮廓。

锥跟鞋是一款因鞋跟而得名的鞋。顾名思义，鞋跟就是甜筒的形状，上大下小，形成比匕首跟更结实、更未来主义之感。这款创新的鞋跟由法国鞋靴设计师莫德·弗里宗发明，她从为帕图（Patou）、尼娜·丽姿和库雷热公司做模特开始时尚职业。1960年代，还没有时尚造型设计师的角色，要由模特自己做发型、化妆，并配备经典的配饰品帮助塑造时装设计师的服装。如果有人提供鞋，她们就不会那么有想象力了，这样，弗里宗决定开始创作属于自己的更快节奏的设计。这些设计很成功，1969年，她在圣日耳曼·佩区（St Germain-des-Pres）开了以自己名字命名的时装店，展示她在1970年手工裁切并完成的鞋的第一次创作表现。弗里宗让自己的名字意想不到地与帆布和鳄鱼皮，或无光泽的小山羊皮对比亮亮的缎子等材料联系在一起，而她最了不起的创新是圆锥形鞋跟——1970年代末期时在她的鞋靴设计中开始出现的形式。1978年3月28日，《纽约》杂志敦促读者"注意莫德·弗里宗设计的新圆锥形鞋跟"，并专题报道了采用婴儿般柔软的木莓色小山羊皮制作的折扣踝靴，有法国兔毛修边的米黄色小山羊皮靴。

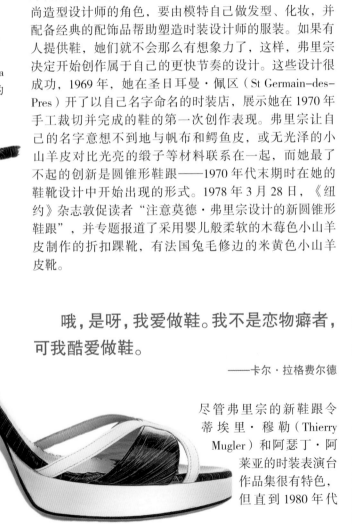

哦，是呀，我爱做鞋。我不是恋物癖者，可我酷爱做鞋。

——卡尔·拉格费尔德

尽管弗里宗的新鞋跟令蒂埃里·穆勒（Thierry Mugler）和阿瑟丁·阿莱亚的时装表演台作品集很有特色，但直到1980年代中期，它才真正进入主流时尚，凭借主导第二个十年后半段的权贵装束趋势跨出一大步。随着女性进入男人权力壁垒的增加和首位英国女首相玛格丽特·撒切尔的当权，时尚记者和风格领袖开始分析职业女性的行头。1980 年，约翰·T.莫洛伊（John T. Molloy）写出建议在办公室环境如何最佳展现自己的最早书籍之一《成功的女性装束》（*Women Dress for Success*）。他建议"最适合女商人的鞋是朴素的船鞋，黑色、封闭脚趾和后跟。鞋跟一寸半高左右。"莫洛伊明显认为高鞋跟不合适，因为女性穿这样性感的鞋不能映射出权威的形象。然而，有很多人有不同意见，穿着纪梵希、伊夫·圣·洛朗或很多翻版的极限款式匕首跟，搭配生动多彩带垫肩的套装和倒梳的蓬松发式。

莫洛伊的穿朴素船鞋的严肃女商务人士和穿细高跟的性感权威装束是相对立的两极——老土对漂亮姐——想要在中间找到立足之地的女性，锥形跟最合适不过。它的鞋跟有高度，但也有宽度，走起路来更方便，不会和耗尽阳刚之气的女施虐狂联想到一块。锥形跟出现在布鲁诺·马利的鱼嘴船鞋、安德烈亚·菲斯特的后空鞋，以及弗里宗的骑士靴上。菲斯特诙谐地在鞋跟的名字上做文章，弄得像是错视画般的多彩冰激凌，看似要从鞋后部滴落下来。2010 年代，锥形跟再次出现，最引人注目的是在朗万时装公司（House of Lanvin），但这回不是采用舒适的造型，而是高耸的——忽视了它的可穿着性以配合 21 世纪早期时尚的极繁主义。

下图：

1980 年代的锥跟

模特克里斯蒂·特林顿（Christy Turlington）穿着唐娜·卡兰的服装，搭配莫德·弗里宗的银色高跟凉鞋（1986 年）。

图片出处说明

致谢

致勇敢而漂亮的夏洛特。

还有简·莱恩（Jane Laing）、马克·弗莱彻（Mark Fletcher）、露丝·帕特里克（Ruth Patrick），及坤泰森斯（Quintessence）的全体人员；文字代理希拉·阿卜莱曼（Sheila Ableman）；玛吉·诺登（Maggie Norden）；沙宣学院（Sassoon Academy）全体人员；莱昂内尔·马斯登（Lionel Marsden）；诺埃尔·伊斯特（Noel East）；乔安娜（Joanna）及克莱夫·鲍尔（Clive Ball）；玛丽（Mary）、瑞安（Ryan）及卡莱（Kaleigh）。

坤泰森斯向所有为本书慷慨提供图片的设计师致谢。